도심 속
바다생물

도심 속 바다 생물
유럽의 수족관을 가다

초판 1쇄 발행일 2010년 1월 11일
초판 2쇄 발행일 2018년 7월 17일

지은이 김웅서, 최승민
펴낸이 이원중

펴낸곳 지성사 출판등록일 1993년 12월 9일 등록번호 제10 − 916호
주소 (03458) 서울시 은평구 진흥로 68(녹번동162−34) 정안빌딩 2층(북측)
전화 (02) 335 − 5494 팩스 (02) 335 − 5496
홈페이지 지성사.한국 | www.jisungsa.co.kr 이메일 jisungsa@hanmail.net

ISBN 978 - 89 - 7889 - 236 - 0 (04400)
ISBN 978 - 89 - 7889 - 168 - 4 (세트)

잘못된 책은 바꾸어드립니다. 책값은 뒤표지에 있습니다.

이 도서의 국립중앙도서관 출판시도서목록(CIP)은 e-CIP 홈페이지(http://www.nl.go.kr/ecip)에서
이용하실 수 있습니다. (CIP제어번호: CIP 2011001501)

도심속 바다생물

유럽의 수족관을 가다

김웅서
최승민
지음

지성사

■차례

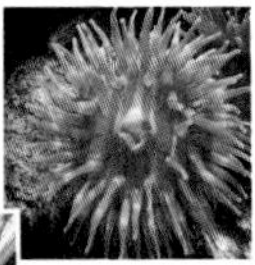

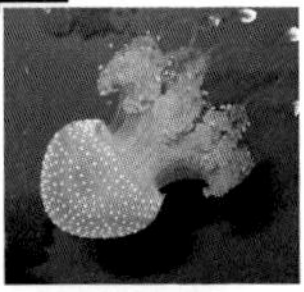

AQUARIUM

■여는 글

수족관은 도시에 사는 사람들에게는 별천지임에 틀림없다. 몸에 물 한 방울 묻히지 않고 도심 한가운데서 물속 세계를 구경할 수 있으니 말이다. 뭍에서의 복잡한 일상사로부터 벗어나고자 한다면 수족관만큼 좋은 장소가 따로 없다. 해파리의 느긋한 춤을 구경하노라면 우리의 마음 또한 여유로워진다. 산호초 사이를 누비며 헤엄치는 열대의 화려한 물고기들을 보고 있자면 마음은 어느새 용궁에 가 있다.

이 책은 그동안 유럽 출장 시 기회가 되면 들렀던 수족관에서 모은 자료와 2012년 해양을 주제로 열리는 여수세계박람회를 위해 한국해양연구원에서 수행한 연구 과제의 일환으로 유럽 수족관을 방문하였을 때 수집한 자료, 그리고 수족관 관계자들과의 면담 내용을 바탕으로 씌어졌다. 자료를 구할 때 도움을 주신 모든 분들과 원고를 읽고 좋은 의견을 준 권석재 박사께 감사의 마음을 전한다.

이 책이 유럽의 수족관을 가 볼 기회가 있는 분에게는 방문 길잡이가 되고, 방문할 계획이 없더라도 편안한 의자에 앉아서 바닷속 구경을 하려는 분에게는 가상 체험의 장을 제공하였으면 한다. 그동안 우리나라에 수족관에 관한 책이 거의 전무하였다는 것은 수족관에 대한 관심이 얼마나 적었는지를 단적으로 보여 준다. 일본의 경우에는 1975년 오키나와에서 해양을 주제로 세계 박람회가 열린 이후 전국에 많은 수족관이 건립되었고, 수족관에 대한 사람들의 관심도 부쩍 높아졌다. 지금 우리나라도 전국 곳곳에 수족관을 짓고 있거나 지을 계획을 마련하고 있다. 여수에서 세계 박람회가 열리고 나면 더 많은 사람들이 수족관과 바다에 살고 있는 생물에 관심을 가지리라 생각한다.

바닷속 생물의 세계는 분명 신비롭다. 수족관은 이 신비로운 세계의 구석구석을 보여 주는 흥미로운 장소이다. 2012년 열리는 여수세계박람회를 계기로 아무쪼록 수족관이 많은 사람들에게 사랑받는 교육의 장소이자 놀이의 장소가 되기를 바란다.

2011년 3월

김웅서

수족관이란 어떤 곳?

수족관이라고 하면 많은 사람들이 주변에 흔히 보는 횟집의 수조나 애완용 금붕어와 열대어를 파는 가게를 떠올릴 것이다. 이렇게 일반적으로 수족관은 규모가 작고 하찮은 것, 아쿠아리움aquarium은 크고 대단한 것이라고 생각하는 경향이 있다. 그 때문인지 서울의 코엑스와 63빌딩, 부산 해운대에 있는 대형 수족관에는 '아쿠아리움'이라는 명칭을 사용한다. 코엑스에 있는 수족관은 코엑스아쿠아리움, 63빌딩에 있는 수족관은 63씨월드Sea World, 부산 해운대에 있는 수족관은 부산아쿠아리움이라고 한다.

수족관을 의미하는 아쿠아리움이라는 말의 뜻도 알고 보면 특별한 것이 아니다. 아쿠아리움에서 '아쿠아aqua'는

1부산아쿠아리움 **2**코엑스아쿠아리움 **3**63빌딩 씨월드

라틴어로 '물' 이라는 뜻이고, '아리움arium' 은 '장소' 라는 뜻이니 아쿠아리움은 '물이 있는 곳' 이라는 의미이다. 어떻게 불리든 아쿠아리움이나 수족관이 물속의 신비한 세계를 체험할 수 있는 흥미진진한 장소라는 것은 틀림없는 사실이다. 우리가 살고 있는 육지와는 다른 세계, 그래서 더 호기심이 생기는 수중 세계를 몸에 물 한 방울 적시지 않고 구경할 수 있는 곳이 바로 수족관이다.

미국 조지아수족관

세계의 여러 나라에는 유명한 수족관이 많다. 2005년 11월 문을 연 조지아수족관Georgia Aquarium은 미국 조지아 주 애틀란타Atlanta에 있는 세계에서 가장 큰 수족관이다. 조지아수족관이 만들어지기 전까지 세계에서 가장 큰 수족

관은 대만의 국립해양생물박물관이었다. 그러나 수족관이 처음 태어난 곳은 유럽이다. 이제부터는 유럽에서 수족관이 어떻게 생겨났는지, 유럽에는 어떤 유명한 수족관이 있는지 알아보자.

대만 국립해양생물박물관

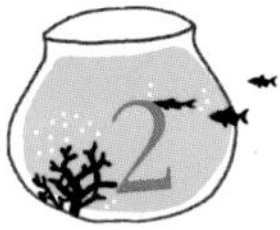

유럽 수족관의 역사

1700년대 후반부터 1800년대 전반에 걸쳐 일어난 산업 혁명으로 유럽의 사회 구조와 생활상은 급격히 바뀌었다. 증기기관의 발명으로 교통수단이 발달하면서 사람들은 과거보다 손쉽게 해안 지방으로 이동할 수 있게 되었고, 장거리 항해가 가능해져 바다에 대한 관심도 높아졌다. 바다와 접할 수 있는 기회가 늘어나면서 사람들은 당연히 해양 동식물에 대해 호기심과 흥미를 갖기 시작하였다. 이러한 분위기가 점차 사회 전반으로 퍼지면서 1850년대에는 많은 사람들이 집에 어항수조을 두고 수중 동식물을 기르게 되었다. 개인이 수조를 갖는 취미가 크게 유행하게 된 것이다.

그 당시 유럽 사람들은 수조로 집 안을 장식하는 것이

고상하고 품위 있는 취미라고 여겼다. 그러나 손이 많이 가기 때문에 일반인들이 개인 수조를 장기간 관리하기에는 어려움이 있어 문제를 해결해 줄 과학적인 방법과 전문가가 필요해졌다.

이러한 당시 사회 분위기를 배경삼아 사람들의 지적 호기심을 충족시키기 위하여 1853년 세계 최초로 영국 런던동물원 내에 공공 수족관이 건립되었다. 이를 시작으로 서유럽 각국에 대형 수족관이 잇따라 건설되어 1800년대 말에는 아홉 곳에 대형 수족관이 세워졌다. 1853년 영국 런던 레전트파크Regent Park수족관을 필두로 1860년 프랑스 파리 자르뎅 아클리마타시용Jardin d' Acclimatation수족관, 1864년 독일 함부르크Hamburg수족관, 1868년 벨기에 브뤼셀Brussels수족관, 1869년 독일 베를린Berlin수족관, 1871년 영국 런던London 크리스탈 팰리스Crystal Palace수족관, 1874년 이탈리아 나폴리 수족관Station Zoologica, 1882년 네덜란드 암스테르담Amsterdam 수족관, 1888년 영국 플리머스 수족관Marine Biological Association 등이 20세기 이전에 세워진 대형 수족관이다. 미국 최초의 수족관은 1876년 뉴욕에 만들어졌으며, 일본에서는 1882년 도쿄 우에노동물원 내에 건립된 수족관이 최초이다.

영국 런던자연사박물관

수족관이 건립되던 초기에는 일반인들의 흥미와 호기심을 충족시킬 수 있는 전시 기능이 강조되었다. 그러나 차츰 해양 생물에 대한 지적 욕구가 높아지면서 교육과 홍보 기능 또한 필요하게 되었다. 이에 따라 수족관은 전시 기능은 물론 해양 동식물에 대한 기초 지식을 알려주는 평생 교육장이자 해양 문화 전반에 대한 중요한 교류의 장으로 인식되었고, 점차 해양에 관한 전시 공간, 연구 공간, 홍보 공간, 문화 공간, 역사 공간 등 여러 가지 기능이 자연스럽게 연계되는 현대적 의미의 수족관, 즉 해양자연사박물관으로 발전하게 되었다.

20세기에 들어서는 생물 사육 기술, 전시 방법, 수족관 건축 설계와 유지 보수, 운영 방법 등이 발달함에 따라 세계 각국에 대형 공공 수족관이 건립되고 점차 수족관의 교육적 기능이 강조되었다. 1960년 유네스코UNESCO, 국제연합 교육과학문화기구회의와 1989년 국제박물관위원회ICOM; International Council of Museum 회의 등을 통해 수족관은 박물관의 범주에 들어가게 되었다. 이 위원회는 박물관을 "역사나 예술과 관련된 유물이나 자료뿐만 아니라 과학 기술에 관한 수집품 및 식물원, 동물원, 수족관, 자연사박물관 등 문화적 가치가 있는

영국 런던자연사박물관에 전시된 고래 뼈

자료나 표본 등을 대중의 교육과 오락을 위해 전시, 보존, 연구하는 곳"이라고 정의하고 있다.

유럽에서 수족관 문화를 이끌고 있는 나라는 프랑스이므로, 프랑스 수족관의 역사를 살펴보면 유럽 수족관이 성장하고 발전해 온 흐름을 알 수 있다. 해양 생물과 관련된 프랑스 최초의 전시회는 1888년 국립자연사박물관에서 개최된 것으로, 심해의 물고기와 바다 바닥에 사는 무척추동물을 전시하였다. 전시된 표본들은 가스코뉴Gascogne 만에서

모나코해양박물관 입구

해양 탐사를 하는 동안 채집된 것이었다. 이후 해양학자이기도 한 모나코 공국의 국왕 알베르 1세가 1899년 모나코해양박물관 공사를 시작한 이래 오늘에 이르기까지 많은 수족관과 해양박물관들이 건립되었다. 모나코해양박물관의 설립 목적은 당시 생소했던 해양 생물, 해양 물리, 해양 화학 등 해양 과학의 연구 결과를 일반인에게 알기 쉽게 소개하는 것이었다. 주요 전시물은 먼바다에서 채집한 어류와 심해에 사는 저서생물이었다. 해양박물관 내에 만들어진 수족

오세아노폴리스

관에는 지중해에 살고 있는 어류와 무척추동물을 전시하였다. 모나코해양박물관은 쿠스토Cousteau 선장이 관장을 맡았던 1960년대 초반에서 1980년대 후반에 이르는 약 30년 동안 눈부신 발전을 하여, 현재는 연간 130만 명 이상의 관람객이 방문하는 명소가 되었다.

1906년, 알베르 1세는 파리에도 같은 목적으로 파리수족관을 만들었다. 파리수족관은 모나코해양박물관의 지원을 받아 전문 연구 외에도 각종 전시, 교육, 홍보 등의 기능

노지카국립해양센터

을 수행하고 있다. 모나코해양박물관 이후 생말로Saint-Malo, 비아리츠Biarritz, 반느Vanne, 라로쉘La Rochelle, 그랑빌Granville, 콩까르노Concarneau 등의 지역에 수족관이 만들어졌으며, 지방 자치 단체의 지원 아래 민간 주도로 운영되고 있다.

또 각 대학교의 임해 연구소는 연구와 더불어 해양 생물상을 일반인에게 보여 줄 목적으로 자체 수족관을 만들었다. 북대서양 도버 해협에 접한 피니스테르Finistere 지방 북쪽에 자리 잡은 로스코프Roscoff연구소(파리VI대학교 소속), 지중해

스페인 국경 근처 바니윌스 쉬르 메르Banyuls sur Mer연구소(파리VI대학교 소속), 그리고 남부 프랑스의 알카숑Arcachon연구소(몽펠리에대학교 소속) 등을 예로 들 수 있다. 이들 수족관에는 전문 연구 시설도 갖추어져 있어 관련 연구를 수행하고, 기술을 개발하는 일도 하고 있다.

1980년대 초 프랑스에서는 기존의 수족관에 비하여 규모나 시설이 월등히 뛰어난 현대적 수족관을 건립하려는 계획이 추진되었다. 이를 통해 1989년 파리 중심부에는 쿠스토해양공원이 만들어졌고, 1990년에는 브레스트Brest의 오세아노폴리스Oceanopolis, 그리고 1991년에는 불로뉴 쉬르 메르Bologne sur Mer에 노지카Nausicaa가 세워졌다. 2000년에는 몽펠리에 시에 마레 노스트룸Mare Nostrum, 일명 오디세움Odysseum이 건립되었다. 프랑스는 미국, 일본 등과 함께 세계 수족관 문화를 선도하고 있으며, 2009년 현재 프랑스 전국에 29개의 수족관이 있다.

3 유럽의 유명 수족관

- ☐ 이탈리아 제노바수족관
- ☐ 모나코해양박물관
- ☐ 스페인 발렌시아수족관
- ☐ 스페인 사라고사수족관
- ☐ 프랑스 오세아노폴리스
- ☐ 프랑스 노지카국립해양센터
- ☐ 프랑스 해양연구소 수족관
- ☐ 프랑스 열대 수족관
- ☐ 독일 킬수족관
- ☐ 영국 런던수족관
- ☐ 포르투갈 리스본수족관
- ☐ 아랍 에미리트 두바이수족관

제노바수족관 입구

이탈리아 제노바수족관

이탈리아의 항구 도시 제노바. 1992년 제노바에서는 이곳 출신인 크리스토퍼 콜럼버스Christopher Columbus가 신대륙을 발견한 지 500주년이 된 것을 기념하기 위한 세계 박람회엑스포가 열렸다. 콜럼버스는 1492년 8월 3일 산타마리아호를 타고 스페인 팔로스 항구를 떠난 후, 대서양을 가로질러 서쪽으로 항해하다가 같은 해 10월 12일 드디어 육지를 발견하였다. 지금의 바하마 제도에 속하는 한 섬을 발견한 것이다. 이후 콜럼버스는 쿠바, 아이티 등의 섬을 발견하고 아시아의 일부라고 생각하였다.

콜럼버스가 신대륙을 발견하였다고 하나, 사실 그것은

제노바 항

다분히 서양인들의 시각이다. 서양인들이 오기 전에도 원주민들은 그곳에서 살고 있었으니, 세상에 아무도 모르고 있던 것을 찾아냈다는 뜻의 '발견' 이라는 표현은 적당하지 않다. 발견한 공로로 치자면 오히려 그곳 원주민들에게 상이 돌아가야 하지 않을까? 콜럼버스의 항해는 신대륙이 서양인들의 식민지로 전락하는 계기가 되었지만, 서양인들에게는 강한 해양 세력을 이용해 전 세계에 식민지를 만들어 부를 축적할 기회가 되었다. 그들에게 콜럼버스는 세계 박람회를 열어서라도 기념해야 할 인물임에는 틀림없는 것이다.

유럽의 오래된 항구 도시들이 그렇듯이 제노바 항도 세계 박람회가 열리기 전에는 낡고 지저분하였다. 그러나 세계 박람회를 계기로 옛 항구는 깨끗하게 새로 태어났으며, 수족관도 이때 만들어졌다. 제노바수족관Acquario di Genova은 이탈리아에서 가장 큰 수족관이며, 유럽에서는 스페인의 발렌시아수족관에 이어 두 번째로 규모가 크다. 이 수족관은 사람들에게 해양 환경이 얼마나 중요한지 알려주고, 해양 환경의 보존, 관리 및 이용에 관한 대중의 인식을 높이기 위해 건립되었다. 제노바수족관은 단지 흥미 위주의 볼거리와 재미만을 제공하는 수족관이 아니다. 수족관 내부의 전시물

하얗고 긴 제노바수족관 건물

은 학생들의 현장 교육 자료로 조금도 손색이 없는 내용을 담고 있다. 수족관을 다 둘러보고 나면 방문객들은 어째서 해양 환경이 중요한지 스스로 깨우치게 되고, 해양 환경 보존의 필요성도 느끼게 된다. 교육적이라고 하면 재미가 없지 않을까 생각할 수도 있으나, 제노바수족관은 매년 약 125만 명이 다녀갈 정도로 인기 있는 관광지이다.

수족관으로 사람들을 끌어들이는 요소 중 하나는 바로 수족관 마을Acquario Village 패스 제도이다. 이것은 제노바 항에 있는 모든 에듀테인먼트edutainment 시설을 관람할 수 있는, 말하자면 자유 이용권과 같은 입장권이다. 제노바수족관은 물

1 바이오스피어 **2** 전망 리프트

론 수백만 년 전의 생태계를 재현한 '바이오스피어Biosphere'와 항구의 전경을 볼 수 있는 40미터 높이의 전망 리프트 '비고Bigo', 2~14세 어린이를 위한 90여 가지의 과학 놀이 체험, 선박의 역사를 보여 주는 해양박물관을 이용할 수 있으며, 각 시설들을 순환하는 꼬마열차를 무료로 탑승할 수 있다. 비고를 타고 올라가면 제노바 항 주변 도시의 모습이 훤히 내려다보이는데, 산비탈을 따라 빼곡히 서 있는 건물들이 항구를 둘러싸고 있어 제노바 항은 아늑한 느낌이 든다. 비고 바로 옆에 서 있는 철골 구조물은 배의 돛대를 본떠 만들었는데, 마치 큰 배가 정박해 있는 듯한 모습 때문에 항구의 정취를 한껏 느낄 수 있다.

제노바 사람들은 제노바수족관에 대단한 자부심을 갖고 있다. 그 이유 중 하나는 아마도 제노바 항 재개발 계획을 세운 렌조 피아노Renzo Piano가 바로 이곳 출신이라는 점일 것이다. 이탈리아가 낳은 세계적인 건축가인 그가 수족관 건물을 설계하였고, 실내 디자인은 미국의 유명한 건축가 피터 쉐마예프Peter Chermayeff가 담당하였다. 유명한 건축가가 설계하였다고는 하지만, 수족관 외관이 관람객의 눈길을 끌지는 않는다. 수족관 건물 자체가 눈에 띄기보다는 도시 전

제노바수족관

체와 잘 어울리도록 설계하였기 때문이다. 컨테이너 화물선 상갑판을 연상시키는 수족관 외관은 제노바 항의 특징을 잘 나타내고 있다. 수족관은 1992년 세계 박람회 때 개장하였다가, 1995년 10월 15일에 공사를 완전히 끝마치고 다시 문을 열었다. 수족관 건물은 바다로 돌출되어 있는데, 1998년에는 길이가 100미터에 달하는 실제 배를 개조하여 만든 수족관을 돌출된 부분의 끝에 구름다리로 연결하여 확장하였다. 그래서 수족관의 전체 모습을 하늘에서 내려다보면 마치 배가 바다로 출항하는 듯한 느낌이 든다.

수족관 안으로 들어서자마자 관람객을 맞이하는 것은 바로 16세기 옛 제노바 항의 모습이다. 제노바 항은 과거 많은 모험가들이 신대륙을 찾아 떠나던 항해의 출발지로, 이제부터 관람객들이 수족관 여행을 시작한다는 의미로 입구에 배치하였다. 재현된 15세기 제노바 항의 부두와 항 주변에 사는 해양 생물을 전시한 수조가 수족관 관람의 출발점이 된다.

바다소의 한 종류인 매너티

다음은 물범*Phoca vitulina*과 지중해몽크물범*Monachus monachus*, 바다소 종류인 매너티*Trichechus manatus*를 볼 수 있는 해양 포유류 수조가 나온다. 바다소 종류인 매너티와 듀공*Dugong dugon*은 많이 닮았는데, 둘을 구별하려면 꼬리를 보면 된다. 매너티의 꼬리는 가운데가 불룩한 삽처럼 생겼고, 듀공의 꼬리는 초승달처럼 가운데가 오목하게 들어가 있다. 물범과 물개는 물론 고래와 돌고래 같은 해양 포유류는 수족관 관람객들에게 인기 있는 해양 동물이다. 덩치가 나가는 동물이다 보니 수조의 길이가 16미터, 용량도 500톤이나 된다. 이 수조는 멸종되어 가는 지중해몽크물범의 위기 상황에 대해 경각심을 높이려는 목적으로 설치되었다. 1999년부터 한 쌍의 물범이 이 수조에 살기 시작해 그동안 여러 차례 새끼를 낳기도 하였다. 2001년에는 세계에서 처음 시도된 물범 제왕절개 수술로 암컷 새끼를 낳은 일도 있다. 이 새끼는 인공 수유를 통하여 1개월 만에 몸길이 70센티미터, 몸무게 7킬로그램이 늘어 11킬로그램까지 자랐으며, 1년 뒤에는 어미 정도의 크기가 되었다. 물범은 원래 육상에서 새끼를 낳는데, 2003년에는 물속에서 새끼를 낳는 이변이 일어나기도 하였다.

계속해서 동선을 따라가면 지중해의 심해를 보여 주는 수조가 나온다. 심해 역시 관람객들에게 인기가 많다. 바닷가와 달리 쉽게 볼 수 없는 깊은 바닷속에는 과연 어떤 생물이 살까 하는 궁금증을 풀 수 있는 곳이다. 이곳에서는 지중해 바닥에 사는 게와 물고기들을 볼 수 있다.

심해 수조를 지나면 상어 수조가 나온다. 해양 포유류에 버금가는 인기를 누리는 생물은 다름 아닌 상어이다. 무섭기는 하지만 사람들의 호기심을 불러일으키는 물고기이

톱상어

다. 상어가 사는 수조의 길이는 23미터로 물범이 사는 수조보다 더 크며, 1200톤의 물을 담고 있다. 전 세계에 약 400종의 상어가 있고, 지중해에는 약 50종이 살고 있다. 그런데 다행스럽게도 지중해에 사는 상어 종류는 사람을 공격하지 않는다.

매서운 눈초리의 뱀상어와 머리에 톱 하나를 떡하니 붙이고 다니는 톱상어를 뒤로 하면 해양보호구역MPA, Marine Protected Area을 보여 주는 곳이 나타난다. 해양 환경이 뛰어나거나 해양 자원 관리가 필요한 곳은 해양보호구역으로 지정하여 특별히 관리하는데, 이곳에서는 부채뿔산호나 홍산호*Corallium rubrum*처럼 아름다운 생물들을 만날 수 있다. 홍산호

홍산호

는 지중해나 서부 대서양에 살며, 바위에 붙어 자란다. 성장 속도가 매우 느려 10년에 고작 3~4센티미터 정도 자라는 산호이다. 홍산호의 단단한 붉은빛 골격은 보석으로 이용되기도 하므로 보호가 필요한 종이다.

다음에 만나는 수조는 잘피밭을 보여준다. 잘피는 바닷물 속에 자라는 벼처럼 생긴 식물이다. 우리가 흔히 접할 수 있는 미역이나 다시마 같은 해조류와는 달리 꽃을 피우는 고등 식물이다. 잘피밭은 다양한 해양 생물이 번식하고 자라는 중요한 서식지이다.

잘피 수조를 지나면 가장 인기가 높은 돌고래 수조가

1 잘피 2 큰돌고래

나오는데, 이 수조는 수족관 1, 2층에서 모두 볼 수 있다. 큰돌고래는 여러 수족관에서 돌고래쇼를 하는 주인공이지만 제노바수족관에는 돌고래쇼가 없다.

여태까지는 바다에 사는 생물들을 만나 보았지만, 다음에 마주치는 생물은 민물에 사는 물고기인 피라니아piranhia이다. 아마존 강에 살며 먹이를 공격해서 순식간에 먹어 치우는 악명 높은 육식 물고기이다.

피라니아를 보고 나면 수조는 다시 해양 생물로 바뀌며, 지중해를 벗어나 카리브 해 산호초로 간다. 이곳의 대형 수조는 물범 수조와 크기가 같다. 이곳의 주인공은 유유히

1말미잘 **2**남극해에 사는 물고기

헤엄치는 바다거북인데, 그 밖에도 산호초에 사는 열대어 등을 함께 볼 수 있다.

분위기는 열대 해역에서 갑자기 남극해의 추운 바다로 바뀌어 남극해에 사는 말미잘, 불가사리, 물고기 등이 전시되어 있다. 수온이 낮다는 것을 말해 주듯 수족관의 유리벽 밖에는 물기가 잔뜩 서려 있다. 이어 나타나는 생물은 또 다른 인기스타 펭귄이다. 펭귄이 사는 곳에는 영국과 아르

헨티나 간에 영토 분쟁이 있는 포클랜드 제도의 환경을 재현해 놓았다. 젠투펭귄*Pygoscelis papua*과 마젤란펭귄*Spheniscus magellanicus*이 아장아장 귀엽게 걷는 모습과 물속에서 물고기보다 더 빠르게 헤엄치는 모습은 관람객들에게 인기 있는 구경거리이다.

이제 수족관의 관람 동선은 구름다리를 건너 선박을 개조한 부유식浮遊式 수족관으로 건너간다. 이곳에서는 콜럼버스, 페르디난드 마젤란Ferdinand Magellan, 제임스 쿡James Cook, 알렉산더 훔볼트Alexander von Humboldt, 찰스 다윈Charles Robert Darwin과 같은 유명한 항해가와 과학자들에 관련된 자료를 전시하고 있다. 관람객들은 다윈이 승선했던 비글호나 캡틴 쿡의 인데버호의 갑판에 서 있는 것 같은 분위기를 느낄 수 있다. 이곳에서는 마다가스카르의 열대 우림, 열대 해역의 석호, 지중해의 바위 해안 등에 사는 생물을 볼 수 있다. 단순

젠투펭귄

히 생물을 보여 주기보다는 생물에 관한 지식을 전달해 주는 전시 내용이 많아 시간을 가지고 둘러보면 좋다. 또 해양 생물을 직접 만져 볼 수 있는 터치풀이 마련되어 있어 어린이들에게 인기가 높다.

다시 구름다리를 건너 수족관 건물 2층으로 올라가면 벌새들이 날아다니는 남아메리카 열대 우림 속으로 들어가게 된다. 그곳에서는 벌처럼 윙윙거리며 꿀을 빨고 있는 벌새를 쉽게 찾을 수 있다. 중앙아메리카의 열대 우림에 사는 카멜레온과 아마존 강에 사는 악어도 만날 수 있다.

동선은 관람객들을 다시 바다로 이끈다. 다음에 도달한 전시관은 이탈리아 시칠리아 섬 북쪽에 위치한 에올리안 제도를 재현했는데, 에올리안 제도는 생물 다양성이 높아 2000년 1월 유네스코 세계문화유산으로 선정된 곳이다. 이곳의 다양한 해양 생물을 구경하고 나면 해파리관이 기다리고 있다. 해파리의 여유로운 군무를 보면서 관람객들이 숨을 고를 수 있는 곳이다. 희한한 해파리도 많고, 춤을 추는 동작도 각양각색이다. 몰루카 제도의 열대 해양 생물, 맹그로브가 울창한 열대 해역의 홍수림, 홍해의 해양 생물을 다 보고 나면 이제 하나의 수조만을 남겨두게 된다.

1 수족관을 연결하는 구름다리 **2** 벌새 **3** 해파리

힘차게 헤엄치는 물고기

마지막 수조는 거센 파도가 치는 바닷가의 환경을 보여 준다. 15초마다 강한 수류水流로 파도를 일으켜 모든 수조 가운데 가장 역동적인 수중 장면이 연출되는 곳이기도 하다. 이곳에 적응해 사는 생물들에게 자연에 가장 가까운 환경을 만들어 주기 위해서이다. 부서지는 파도에 휩쓸리지 않고 힘차게 헤엄치는 물고기를 보면 강인한 생명력을 느낄 수 있다. 수족관의 긴 여정은 여기서 끝나게 된다.

제노바수족관을 숫자로 풀어본 자료도 재미있다. 2009년 4월 발간된 수족관 안내 책자에 따르면 수조에 전시된 동물의 숫자는 모두 1만 2000마리이고 동물 종수는 600종, 식

보름달물해파리 성체

물 종수는 200종이다. 가장 작은 척추동물은 양서류인 황금 만텔라개구리 *Mantella aurantiaca*이며, 가장 작은 동물은 보름달물해파리 *Aurelia aurita*의 에피라 유생으로 길이는 고작 5밀리미터에 불과하다. 반면 가장 큰 동물은 긴 주둥이가 병처럼 생겨 병코돌고래 bottle-nosed dolphin라고도 부르는 큰돌고래 *Tursiops truncatus*로 몸길이가 2.5미터에 달한다. 큰돌고래는 돌고래 가운데 가장 몸집이 커서 붙여진 이름이다. 수족관의 동물들이 1년 동안 먹어 치우는 먹이의 양은 60톤인데, 이 가운데 해양 포유류가 먹는 먹이가 25톤을 차지한다.

수조는 모두 63개이며, 그 가운데 5개는 2층 높이이다.

남극해에 사는 생물을 보여 주는 수조의 수온은 섭씨 영하 1도, 가장 수온이 높은 수조는 섭씨 30도로 수온 차이는 무려 30여 도나 된다. 전시 수조 외에 해양 생물을 길들이거나 치료할 수 있는 수조도 200개에 달한다. 가장 큰 수조의 물 용량은 150만 리터(약 1500톤)이며, 수족관에 있는 모든 수조의 물 용량은 600만 리터(약 6000톤)이다. 수족관 건물의 길이는 330미터, 선박형 수족관의 길이는 100미터, 전시 공간은 1만 제곱미터, 직접 해양 생물을 만져 볼 수 있는 터치풀은 둘레가 50미터이고 표면적은 100제곱미터이며, 수조의 가장 두꺼운 아크릴 벽의 두께는 25센티미터, 모든 수조에 연결된 관의 길이는 무려 160킬로미터로 서울에서 대전까지의 거리보다 더 길다. 수족관의 모든 시설에 필요한 전력량은 아파트 550채에서 사용하는 전력량과 맞먹는다. 수족관에서 일하는 직원의 숫자는 250명이며, 수족관을 다 둘러보는 데 걸리는 시간은 평균 2시간이다. 제노바수족관 홈페이지(http://www.acquariodigenova.it/jsp/index.jsp)에 접속하면 더 많은 정보를 얻을 수 있다. 제노바수족관의 사업 책임자 로렌조 세네스Lorenzo Senes씨는 자기가 몸담고 있는 수족관에 상당한 자부심을 갖고 있다. 그는 제노바수족관의 역사와

1 제노바수족관 사업 책임자 세네스 씨 **2** 해양 생물 사육 수조

운영 철학에 대해서도 잘 알고 있다.

1980년대 후반 제노바 시는 여러 가지 문제점을 안고 있었다. 제노바는 제2차 세계 대전 후 산업 도시가 되었으며, 주요 산업은 철강이었다. 당시 제노바는 지중해에서 가장 큰 항구 중 하나였으나 철강 산업이 사양길에 접어들면서부터 경제 사정이 나빠졌고, 제노바에 대한 평판도 나빠지기 시작했다. 이러한 문제에서 벗어나고자 제노바 시에서는 구항을 재개발하는 데 성공한 미국 볼티모어Baltimore 시를 방문하여 어떻게 성공하였는지 배웠다. 제노바수족관도 구항 재개발 계획의 중요한 부분 중 하나였다. 따라서 미국의 유명한 건축가 피터 쉐마예프가 제노바를 방문하여 이탈리아 건축가 렌조 피아노와 함께 항구 재개발 계획을 세우게 되었다. 피터 쉐마예프는 바로 볼티모어수족관을 설계한 장본인이다.

1992년 제노바세계박람회 때는 수족관의 일부만을 개장하였다. 세계 박람회 당시에는 입장료를 받지 않았으며, 세계 박람회가 끝난 이후 재개장을 하면서 입장료를 받기 시작하였다. 1992년 말부터는 이탈리아 대형 유람선 회사에서 수족관을 운영하고 있으며, 제노바 시는 더 이상 운영에 관여하지 않는다. 1993년 재개장을 한 후 매년 120만~130만 명의 관람객이 찾아오고 있다.

이후 제노바 시는 크고 작은 행사를 유치하여 구항 개발에 박차를 가하였다. 1998년에는 확장 공사를 하여 제노바세계박람회 때 이탈리아 국가관으로 사용되었던 선박 모양의 부유식 구조물을 수족관의 일부로 개조하였으며, 크고 작은 수조를 더 많이 만들었다. 지금은 기존의 수족관과 배 모양의 부유식 수족관 사이를 유리 구름다리로 연결하여 관람객들이 이동하기에 편리하다.

제노바수족관은 앞으로도 계속 확장할 계획을 가지고

제노바수족관 조감도

있다. 2013년 이후 5000톤의 물개 수조를 기존 수족관과 부유식 수족관 사이에 만들 계획이다. 배 모양의 부유식 수족관은 이동이 가능하므로 그 사이에 새로운 수조를 끼워 넣는 것은 그리 어려운 작업이 아닐 것이다.

제노바 시는 해외의 많은 도시와 협력 관계를 맺고 있으며, 그 일환으로 제노바수족관도 해외의 많은 수족관과 긴밀한 관계를 맺고 있다. 일례로 중국의 천진 시와 항만 개발에 관해 협력하고 있으며, 천진 시에서 수족관 건설 타당성 조사를 벌였다. 현재도 여러 나라와 협력 과제 등을 수행하고 있다.

제노바수족관은 시의 경제 활동에도 중요한 역할을 담당한다. 매년 200만 유로를 시에 납부하고 있으며, 약 150만 유로는 수족관 시설 관리와 개보수 등에 사용한다. 현재 수족관의 경영 수지는 좋은 편이다.

흔히 수족관의 규모는 면적으로 순위를 매기는 것이 일반적이다. 그러나 수조의 크기로 보면 포르투갈의 리스본수족관, 스페인의 발렌시아수족관과 바르셀로나수족관 등이 유럽에서 손꼽히는 대규모 수족관이며, 제노바수족관도 대형 수족관에 속한다. 수조의 크기로만 본다면 덴마크 북쪽에 있는 작은 마을에 북해뮤지엄이라는 대형 수조를 가진 수족관도 있다. 프랑스의 대형 수족관으로는 노지카와 오세아노폴리스 등이 있으며, 스위스 바젤에도 수족관을 만들 계획이 있다.

제노바수족관의 가장 큰 특징으로는 에듀테인먼트 프로그램을 들 수 있다. 에듀테인먼트는 말 그대로 즐기면서 배운다는 의미이다. 흰동가리를 비롯해 영화 「니모를 찾아서」에 나오는 해양 생물을 전시하는 프로그램으로 어린이들에게 즐거움을 선사하고 있다. 수족관 운영은 이윤을 추구

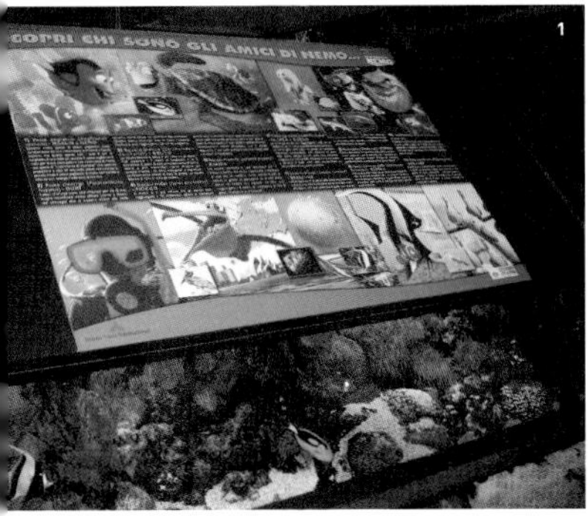

1「니모를 찾아서」에 나오는 해양 생물 전시 **2**흰동가리와 말미잘의 공생

하는 회사Costa Edutainment Company에서 하고 있지만, 그럼에도 교육 프로그램을 중요하게 생각하고 있다. 교육 프로그램의 대상은 4~5세 유아부터 성인에 이르기까지 다양하다. 제노바수족관의 운영 철학은 '교육과 여가 선용의 완벽한 실현'이며, 날로 늘어나는 여가 활동과 수족관의 문화, 교육, 오락 기능을 성공적으로 연계하여 관람객들에게 독특하고 의미 있는 즐거움을 제공하는 것을 목표로 삼고 있다.

한편 제노바수족관은 관람객들에게 다양한 생물을 보여 주기 위해 노력하고 있다. 남극에 서식하는 생물들을 전시하는 이유도 비록 남극에 사는 생물을 사육하는 것이 아주 힘들고 관람객들의 인기를 끌지는 못하지만, 해양 생물의 다양성을 보여 주는 것이 중요하다고 여기기 때문이다. 일반적으로 관람객들은 대형 수조에 있는 대형 해양 생물들을 선호하는 경향이 있다. 지금은 TV나 비디오 등 다양한 매체를 통해 해양 생물을 볼 수 있으므로 수족관이 관람객들의 관심을 끌기 위해서는 해양 생물과 관련된 문화를 함께 보여 주는 것이 필요하다. 전 세계 수족관 어디에서나 볼 수 있는 해양 생물의 전시보다는 수족관이 자리한 곳의 문화적인 콘텐츠도 아울러 담는 것이다. 한국에 대형 수족관을 설치할 때도 제노바수족관을 교훈삼아 가장 한국적인 문화 콘텐츠를 수족관 프로그램에 도입하는 방법을 고려해야 한다. 그렇게 해야만 일본이나 중국의 대형 수족관과 차별화가 되어 많은 관람객이 찾는 수족관으로 자리매김할 수 있다.

수족관의 시설을 개선하기 위해서는 수족관 간에 정보와 인력을 교환하는 등 협력이 가장 중요하다. 제노바수족관은 현재 유럽의 다른 수족관과 긴밀한 협력 관계를 맺고 있으며, 그 일환으로 정기적으로 열리는 유럽 수족관 관계자들의 회의에도 활발하게 참가하고 있다. 수족관에서는 관람객들이 단지 구경만 하는 것보다는 직접 체험해 보는 것이 중요하다. 예를 들어 관람객들이 직접 해양 생물을 만져 볼 수 있는 터치풀 등은 직접 체험하는 데 좋은 시설이며, 설치 비용이나 관리 비용도 많이 들지 않는다.

제노바수족관의 또 다른 특징은 돌고래쇼나 동물 먹이 주기 등의 쇼를 하지 않는다는 것이다. 비록 이러한 쇼들이 관람객의 인기를 끌기는 하지만, 동물들의 입장에서 보면 자연스럽게 살 수 있는 권리를 박탈당하는 일이라고 생각하기 때문이다. 해양 생물을 자연 그대로 보여 주려는 것이 제노바수족관의 철학이고, 또 그렇게 하기 위해 모든 직원이 노력하고 있다. 제노바수족관이 일 년 내내 하루도 쉬지 않고 매일 문을 여는 것도 직원들의 열정 때문일 것이다.

절벽 위에 세워진 모나코해양박물관

모나코해양박물관

모나코는 프랑스 남부 지중해 바닷가에 자리 잡고 있는 아주 작은 나라이다. 국경선의 길이는 고작 4.4킬로미터, 면적은 1.95제곱킬로미터로 세계에서 두 번째로 작은 나라이다.(가장 작은 나라는 이탈리아 로마의 한가운데 있는 바티칸시티로 면적은 0.44제곱킬로미터이다.)

모나코의 서쪽으로는 프랑스의 남부 도시 니스가 바로 지척에 있으며, 동쪽으로는 이탈리아와 국경을 맞대고 있다. 모나코는 작은 나라이지만 관광객들에게는 카지노와 몬테카를로 자동차 경주 등으로 입소문이 난 곳이다. 그러나 무엇보다 유럽에서도 손꼽힐 만큼 아름다운 해양박물관이 있다는 것이 관광지로서의 큰 매력이다.

모나코해양박물관은 건물 자체도 아름답지만 지중해를 바라보며 병풍처럼 깎아지른 듯 서 있는 바위 절벽 위에 세워져 한층 절경을 이룬다. 이 해양박물관은 모나코 왕자 알베르 1세Albert I, 1848-1922가 지었다. 그는 해양학 발전에 공헌한 해양학자이기도 하다. 스페인 해군과 프랑스 해군에서도 활동한 알베르 1세는 200톤급 배를 구입하여 지중해와 대서양을 항해하며 풍부한 해양학 지식을 쌓았다. 그는 에펠탑이 만들어졌던 1889년 파리세계박람회에서 직접 수집한 해양 과학 자료를 모나코관에 전시하여 관람객들의 인기를 끌었는데, 이에 고무되어 해양박물관을 지어야겠다고 결심하였다. 이후 11년에 걸친 공사 끝에 드디어 1910년 3월 29일, 흰 대리석으로 지어진 박물관이 문을 열었다.

박물관 입구

이 건물에는 박물관뿐만 아니라 수족관, 실험실, 도서

관 등이 있다. 1층에는 심해어를 비롯한 다양한 해양 생물의 표본이, 2층에는 알베르 1세가 사용했던 관측선 이론델호와 해양 관측용 기기, 어구 등이 전시되어 있다. 그중에는 해양학 역사를 되돌아볼 수 있는 귀중한 전시물들도 많다. 수족관은 모나코해양박물관 건물 지하 1층의 일부와 지하 2층에 있으며, 몇 개의 구역으로 나뉘어 있다. 동쪽으로는 지중해와 인근 대서양의 해양 생물을 보여 주는 전시관이, 중앙부에는 2000년에 문을 연 대형 상어 수조가, 그리고 서쪽에는 열대 해역 전시관이 자리 잡고 있다. 대형 수조는 높이가 6미터에 달하며 지하 1~2층에 걸쳐 있다. 도서관의 장서는 한때 약 5만 권에 달했으나, 현재 대부분은 파리에 있는 해양연구소로 옮겨졌다.

모나코해양박물관의 설립 목적은 바다에 대한 지식을 대중들에게 전파하여 바다를 보호하는 것이다. 프랑스의 유명한 해양 탐험가 자크 이브 쿠스토Jacques-Yves Cousteau도 1957년부터 1988년까지 32년간 이곳의 관장을 역임한 바 있다.

모나코해양박물관은 박물관으로서의 역할을 하기에 부족함이 없다. 특히 초창기 해양 탐사에 사용되었던 각종 탐사 장비와 실험 장비는 해양학 역사를 되돌아보는 데 귀중

모나코 항

한 자료가 된다. 건물 자체도 미술관 못지않게 예술적 가치가 높으며, 내부 장식 또한 훌륭하다. 샹들리에는 단세포 해양플랑크톤인 방산충 모양, 문어가 다리를 활짝 펼치고 있는 모양 등으로 디자인하였으며, 바닷새 조각으로 장식하기도 하였다. 바닥도 물고기 모양의 모자이크를 넣는 등 아름답게 꾸몄다. 해양박물관 구석구석이 바다와 관련되지 않은 것이 없다.

어느 누구라도 부러워할 만큼 아름다운 이 해양박물관은 전시 공간이 넓어서 쾌적하게 관람할 수 있다. 또 절벽

1

2

1 모나코해양박물관 내부 장식
2 모나코해양박물관 바닥 장식
3 모나코해양박물관 전시실 내부
4 미국의 부시넬이 만든 최초의 잠수정

위에 자리 잡고 있어 창밖으로 내다보이는 지중해 경치도 일품이다. 박물관 주변은 공원으로 꾸며져 있어 관람객들이 박물관을 구경하고 난 뒤 시간을 보내도록 배려하였다.

이제 수족관을 자세히 살펴보자. 해양박물관이 지어질 당시 수족관은 단지 해양 생물 연구를 위한 부속 시설이었다. 그러나 수족관 속 생물을 관찰하는 것을 즐기는 관람객들이 늘자 몇 차례에 걸쳐 확장하여 오늘날의 모습을 갖추게 되었다. 모나코해양박물관의 수족관이 세계적인 명성을 갖게 된 것은 100년이라는 긴 세월 동안 계속 개선되어 왔기 때문일 것이다. 수족관에 전시된 물고기는 약 6000마리 정도 된다. 그중 열대 해역에 사는 물고기가 약 250종, 지중해에 사는 물고기가 약 100종이다. 무척추동물은 약 200종이 있고, 해양 식물도 수십 종이 전시되고 있다.

열대 해역 수조는 태평양과 인도양의 열대 해역, 홍해와 카리브 해에 사는 생물을 보여 준다. 열대 해역의 대표적인 생물은 단연코 산호이다. 모나코수족관에서 살아 있는 산호초를 전시하게 된 것은 1989년이었다. 프랑스 니스대학의 한 교수의 노력으로 홍해에 사는 산호를 옮겨와 기른 것이다. 이로 인해 40톤의 수조에 살아 있는 산호초 생태계를

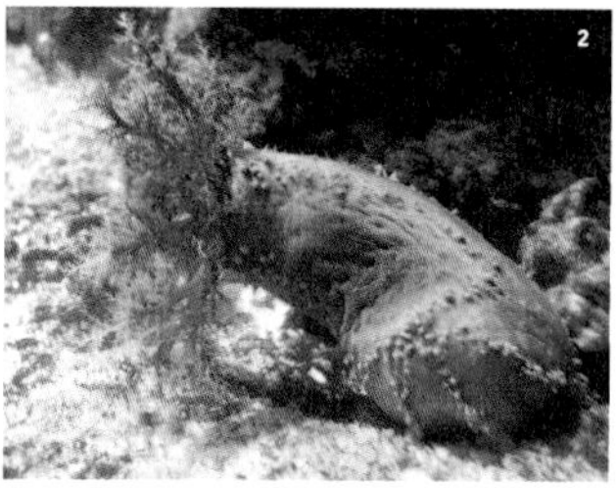

1 말미잘과 쏠배감펭 2 해삼

재현할 수 있게 되었으며, 현재 70종이 넘는 산호가 이곳 수족관에서 살고 있다. 이 산호초에는 흰동가리, 곰치, 쏠배감펭, 나비고기, 청줄돔 등 아름다운 열대어들이 살고 있는데, 집게, 말미잘, 해삼과 같은 무척추동물도 함께 볼 수 있다.

수족관 중앙에 딱 버티고 서 있는 상어 수조는 약 400톤의 바닷물을 담고 있다. 이 수조는 지하 1, 2층에서 모두 볼 수 있으며, 깊이는 6미터에 달한다. 수조에서 가장 큰 투명 아크릴 판은 두께가 34센티미터이다. 수조의 바닥 근처에서는 유유히 헤엄치는 상어와 가오리를, 그리고 수조의 상부에서는 산호초를 배경 삼은 열대 물고기의 군무를 볼 수 있다. 또 수조 위에서 산호초를 내려다볼 수도 있다.

열대 해역 수조의 반대편에는 지중해 바닷속을 보여 주는 수조가 있다. 이곳에서는 산호초에 사는 생물들처럼 예쁘거나 화려하지는 않지만, 모나코 인근 바닷속에 사는 친근한 생물을 볼 수 있다. 지중해에 사는 해양 생물은 지브롤터 해협이나 수에즈 운하를 통해 들어와 지중해 환경에 적응한 독특한 종들이 많다. 물고기를 비롯하여 말미잘, 성게, 꽃갯지렁이, 문어, 새우, 게, 우렁쉥이 등 다양한 무척추동물도 만날 수 있다.

발렌시아수족관 입구

스페인 발렌시아수족관

지중해에 면한 발렌시아는 스페인 제3의 도시이다. 이곳에는 '예술과 과학 도시'라 불리는 복합 문화 공간이 있어 과학과 기술, 자연, 예술, 교육, 놀이를 한자리에서 즐길 수 있다. 발렌시아수족관은 바로 그 복합 문화 공간에 자리 잡고 있다. 이 공간은 지금 우리가 살고 있는 곳이 아닌 미래 도시에 와 있는 듯한 분위기가 느껴진다. 모든 건물은 관람객의 눈을 사로잡기 충분한데, 아주 먼 미래에서나 만날 것 같은 건물의 외관에 입이 딱 벌어진다. 과학관, 수족관, 아이맥스 영화관 겸 천체과학관, 오페라하우스, 야외 정원으로 구성된 '예술과 과학 도시'는 이곳 출신의 세계적인 건축가 산티아고 칼라트라바Santiago Calatrava와 마드리드 출신 건축가 펠릭스 칸델라Felix Candela가 함께 설계한 것으로 약 2킬로미터에 달하는 복합 문화 공간에 5개의 건물이 죽 늘어서 있다. 또 아고라Agora라 불리는 멋진 건축물이 2010년 완공되어 다양한 행사를 할 수 있다.

스페인 발렌시아수족관은 유럽 최대 규모이다. 해양 공원 전체 면적은 11만 제곱미터에 달하며, 500종 4만 5000마리의 해양 생물이 전시되어 있다. 수족관의 해수 총량은 4만 2000톤이 넘는다. 2002년 12월 12일에 개관하였으며, 개관 이후 2009년까지 900만 명이 넘는 관람객이 다녀갔다. 발렌시아수족관은 규모뿐만 아니라 건축 양식 또한 독특하다. '예술과 과학 도시'의 다른 건축물과 마찬가지로 아방가르드풍이다. 아방가르드avant-garde란 기존 예술 형식을 부정하고 혁신적인 예술을 주장하는 예술가들의 운동을 말한다. 이런 부류를 전위파 예술이라고 한다.

발렌시아수족관의 입구는 정면에서 보면 상어의 머리를 닮았다. 하지만 조금 각도를 달리해 보면 말안장을 닮은 것 같기도 하다. 하얀 지붕은 벽면을 채우고 있는 유리면에 반사된 하늘의 파란색과 참 잘 어울린다. 입구 건물로 들어

1 문화 공간에 세워진 과학관과
영화관 겸 천체과학관
2 오페라하우스
3 야외 정원

가면 안내소가 있고, 유료로 자동음성안내 기기를 빌릴 수 있다. 에스컬레이터를 타고 내려가면 교육 안내 데스크와 기념품점이 있으며, 여기서 지중해관으로 연결되는 통로가 나타난다. 많은 수족관들이 바닥에 해양 생물 그림 등으로 이동 경로를 재미있게 그려 놓아 관람객의 편의를 돕는데, 이곳에서는 바닥에 동선 표시가 없어서 관람객들은 에스컬레이터를 타고 내려간 후 어디로 갈지 몰라 우왕좌왕하기도 한다.

오세아노그라피코Oceanografico라 불리는 발렌시아수족관은 해양테마공원이라고 하는 것이 더 적합하다. 넓은 부지에 여러 개의 수족관 건물, 돌고래쇼장, 연못, 조류 우리, 연구소, 식당 등이 자리 잡고 있다. 지중해관, 해양관, 극지관 등은 별도의 건물로 되어 있다.

입구를 통해 들어가 왼쪽으로 가면 지중해관이 나타난다. 발렌시아수족관이 자리 잡고 있는 지중해의 생물을 보여 주는 곳으로, 약 7400마리에 이르는 해양 생물을 전시한다. 수조 환경을 지중해의 자연환경과 비슷하게 재현하여 곰치나 쏠배감펭과 같은 어류, 해삼과 같은 무척추동물 등을 전시하였다. 또 관람객들이 최대한 근접해서 해양 생물

1 조류관 **2** 펠리컨 **3** 훔볼트펭귄

을 관찰할 수 있도록 배려하였다. 그러나 전시 생물에 대한 설명이 부족한 것은 아쉽다.

지중해관을 나오면 구형의 조류 우리가 나온다. 둥근 공 모양의 조류관 우리 속에는 각종 새들이 둥지를 틀고 있으며, 주변에 연못이 있어 물새들도 볼 수 있다. 울타리 없이 전시되어 동물원에 온 느낌이 들지 않는다. 적도 근처에 서식하는 훔볼트펭귄도 볼 수 있어 더운 날씨에 펭귄을 만나는 색다른 경험을 안겨 준다. 습지관은 야외에 있으며, 온대와 열대에 있는 습지나 맹그로브 습지를 보여 준다. 커다란 부리로 깃털을 고르고 있는 펠리컨을 코앞에서 볼 수도 있다.

발렌시아수족관은 공원 형태로 되어 있어 한 건물에서 다른 건물로 이동하는 거리가 꽤 멀다. 이곳의 더운 날씨 때문에 뙤약볕 아래를 걸어야 하는 관람객들은 힘들어한다. 반면 온대-열대 대양관은 지상이 아닌 지하에 만들어져 있어 더위를 피해 관람할 수 있다는 장점이 있다. 지하로 들어가는 입구는 바다로 들어가는 기분이 들도록 온통 파란색으로 되어 있다. 온대-열대 대양관은 길이 70미터에 달하는 유럽에서 가장 긴 수중 터널로 되어 있으며, 온대 바다에 사는 생물에서부터 열대 바다에 사는 생물까지 두루 만나 볼 수 있다. 왕복 140미터의 수중 터널은 긴 거리임에도 무빙워크가 없어 몸이 불편한 관람객들에게는 힘든 코스가 될 수 있다. 수중 터널의 길이는 대단하지만 전시 생물의 다양성이나 조명 등은 여느 수족관과 크게 다르지 않다. 전시 내용은 단편적이어서 전체적으로 전시의 흐름을 파악하기가 어렵고, 전시 내용이 다소 산만하다는 느낌이 들기도 한다. 수중 터널을 되돌아오는 지점은 양쪽에 수조가 있고 공간이 넓어 쾌적하다.

온대 해역에서는 바다물범, 바하캘리포니아 해안의 다시마 숲에 사는 생물, 일본의 이즈반도 바닷속 생물들을 볼 수 있으며, 해파리, 해마와 해룡, 불가사리 등도 전시되어 있다. 70미터 길이의 수중 터널을 따라가다 보면 대서양의 온대 해역에서부터 열대 해역까지 위도에 따라 점차 바뀌는 생물을 관찰할 수 있다. 수중 터널의 다른 쪽 끝은 인도양, 태평양, 카리브 해에 사

불가사리

수중 터널

는 생물을 보여 주는 열대 해역 수조이다. 인도-태평양 수조에는 나폴레옹피시, 양쥐돔, 복어, 나비고기, 가오리 등이 있고, 카리브 해 수족관에는 돔, 놀래기, 곰치 등이 있다.

해양관은 길이 약 30미터 되는 수중 터널을 지나가며 관람하게 된다. 투명한 아크릴 터널 위로 상어와 가오리들이 유유히 헤엄쳐 다닌다. 극지관 건물 가운데 북극관은 이누이트의 이글루 모양으로 생겨 누구라도 좋아할 만하다. 이글루의 문처럼 생긴 입구에 들어서면 상쾌하고 차가운 공기가 느껴져 진짜 이글루 안으로 들어가는 듯한 착각마저

이글루처럼 생긴 극지관의 내부

들게 한다. 무더운 날씨에 지친 관람객들에게는 천국과 같은 곳이다. 이곳에서는 2종의 해양 포유류를 만날 수 있는데, 북극에 사는 흰돌고래 벨루가와 바다코끼리가 바로 그 주인공이다. 벨루가는 몸 전체가 하얀색인데, 정면에서 보면 톡 튀어나온 이마와 웃는 듯 보이는 귀여운 입이 재미있게 생겨 관람객들의 인기를 끈다. 그 옆 남극관에 소개된 생물은 젠투펭귄인데, 뒤뚱뒤뚱 걷는 귀여운 모습이나

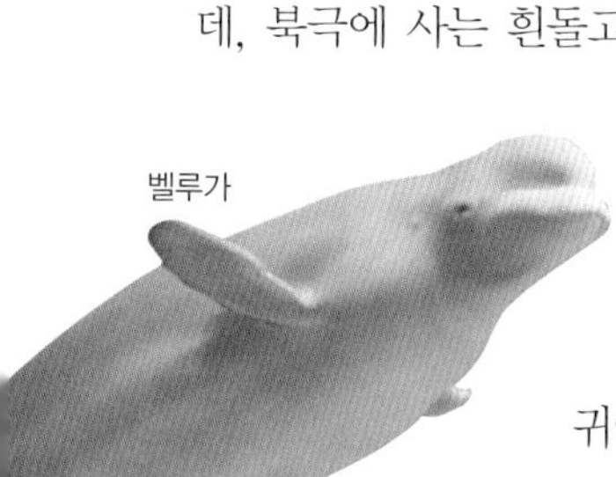

벨루가

1 발렌시아수족관의 돌고래관 **2** 돌고래쇼 **3** 수중 식당

물속에서 물고기보다 더 빨리 헤엄치는 모습을 보기 위해 관람객들이 늘 붐빈다.

돌고래관은 수량 2만 6000천 톤 급 수조로 유럽에서 가장 크며, 깊이는 10.5미터에 달한다. 한 번에 수용할 수 있는 관람객 숫자는 약 1500명이다. 몸길이가 4미터에 달하는 귀여운 큰돌고래병코돌고래의 재주를 즐길 수 있는 곳이다. 규모가 크고 공연의 내용도 뛰어난 돌고래관에는 조련사도 많고, 상당히 많은 돌고래가 쇼에 등장해 관람객들의 호응이 좋다.

이곳에는 해양 생물 전시 수조만 있는 것이 아니다. 거북이나 돌고래 연구, 멸종위기종의 번식을 위한 연구, 해양 환경 보전을 위한 연구를 수행하는 건물이 있으며, 수족관에 둘러싸여 식사를 할 수 있는 수중 식당도 있다. 분위기는 좋지만 음식값은 꽤 비싸다.

사라고사수족관

스페인 사라고사수족관

사라고사수족관은 2008년 스페인의 사라고사에서 열린 세계 박람회를 기념하기 위해 만들어졌다. 사라고사수족관에 따라붙는 수식어는 "유럽에서 가장 큰 민물 수족관"이다. 수족관 면적은 약 7692제곱미터, 수조 용량은 3000톤이다. 사라고사수족관은 '물'이라는 세계 박람회의 주제에 걸맞게 강에 사는 생물을 전시한 수족관이라는 점에서 특이하다. 강에 사는 수중 동물은 바다에 사는 해양 동물에 비해 화려하지도 않고 종류도 적다. 그래서 수족관이라면 으레 바다에 사는 생물을 전시하는 것으로 생각한다. 수족관을 방문한 관람객들도 산호초에 사는 화려한 해양 생물을 볼 수 있으려니 기대하고 찾아온다. 이런 점을 고려해서인지 민물수족관이라는 사라고사수족관에서도 수는 많지 않지만 강물이 흘러 들어가는 하구에 사는 생물을 함께 전시하고 있다.

사라고사수족관은 지하를 포함해 5층으로 되어 있다. 지하에는 수조의 물을 깨끗하게 할 수 있는 여과 시설과 수족관 생물을 질병으로부터 보호하고 치료하기 위한 검역 시설이 있다. 1층에는 출입구, 강당, 기념품점, 2층에는 관람객 교육을 위한 교실, 3층에는 전시실과 사무실, 4층에는 식당이 자리 잡고 있다. 수조는 43개로 전 세계의 강에서 채집한 물고기가 전시되어 있으며, 이와 별도로 13개의 테라리움Terrarium에 곤충, 양서류, 파충류가 전시되어 있다. 테라리움은 육지의 작은 동물을 기르거나 식물을 재배할 수 있는 수조와 같은 용기이다. 수달을 볼 수 있는 수조를 비롯해 전시 탱크는 모두 60개이다.

수족관을 설계한 알바로 플란추엘로Alvaro Planchuelo는 수족관의 기본 개념을 판게아Pangaea에서 구상하였다. 판게아는 지질학적 시간으로 볼 때 고생대와 중생대에 있던 하나의 커다란 초대륙을 말한다. 즉 지구상에 대륙이 지금처럼

사라고사수족관 내부

여러 개로 나뉘어 있는 것이 아니라 한 덩어리로 되어 있던 때의 이름이다.

건물은 수족관 끝에서 다른 끝까지 펼쳐진 수심 9미터의 거대한 담수 수조에 의하여 크게 두 부분으로 나뉘어 있다. 이 수조는 전 세계 강의 근원을 나타내기 때문에 '세계의 강' 이라 불린다. 그리고 수족관은 각각의 대륙을 대표하는 유명한 5개의 강을 주제로 한 5개의 전시 구역으로 나뉘어 있다. 대륙을 대표하는 5개의 강이란 아프리카의 나일

1 민물에 사는 가재 2 민물에 사는 수초

강, 아시아의 메콩 강, 남아메리카의 아마존 강, 오스트레일리아의 머레이 강, 그리고 사라고사세계박람회장을 스쳐 흐르는 에브로 강이 그것이다. 수족관에 전시된 동물은 전 세계 강에서 채집한 300여 종의 동물로 모두 5000여 마리이다.

수조 '세계의 강'은 전 세계 강의 기원을 의미하는 동시에 5개의 강에 사는 생물을 둘러보는 관람 동선의 출발점이 된다. 이 수조는 아마존과 동남아시아, 아프리카 등 열대 지역 강 생태계를 보여 준다.

나일 강은 길이 6671킬로미터로 전 세계에서 가장 긴 강이며, 지중해로 흘러든다. 하구는 폭이 너무 넓어 바다처럼 보인다. 나일 강은 인류 문명의 발상지일 뿐만 아니라 많은 생물들의 보금자리이다. 나일 강 관람은 이 강의 발원지인 아프리카 빅토리아 호수에서 시작한다. 호수에 사는 화려하고 독특하게 생긴 물고기를 구경하고, 나일 강의 물길을 따라가면서 나일악어*Crocodylus niloticus*를 만나는 동안 지중해와 홍해에 다다른다. 이곳에서는 지중해에 사는 곰치 등의 다양한 어류와 홍해에 사는 나비고기, 쥐돔, 나폴레옹피시, 복어 등이 기다리고 있다.

메콩 강은 히말라야에서 발원하여 남중국해로 흘러드는 동남아시아에서 가장 긴 강이며, 강의 상류는 경사가 심한 계곡이다. 하류로 가면서 유속이 느려지고, 주변은 넓은 평야가 된다. 이곳에서는 상류부터 하류로 가면서 나타나는 이러한 환경 변화를 잘 반영하여 전시하였다. 수족관이라는 특성상 물에 사는 생물만 볼 수 있을 것이라는 예상과 달리 메콩 강 계곡에서 만날 수 있는 다양한 난이나 삼각주를 뒤덮고 있는 야자수처럼 강 주변에 서식하는 식물도 볼 수 있다. 마지막에는 메콩 강이 흘러드는 인도양과 태평양의 경계에 잘 발달된 산호초에 사는 화려한 해양 생물을 만난다.

아마존 강은 수량으로 보면 세계에서 가장 큰 강이다. 매년 바다로 흘러드는 전 세계 강물의 약 20퍼센트를 차지한다. 아마존 강 전시관은 아마존 강 유역의 정글을 본떠 만들어, 관람객들은 정글 속을 탐험하는 기분을 만끽할 수 있다. 이곳에서는 아마존 강 민물에 사는 아마존가오리*Raya amozonica*를 볼 수 있어, 가오리는 바다에 사는 물고기 종류라는 고정관념을 깨 준다. 또 아무리 큰 먹이라도 금세 뼈만 남기고 먹어 치우는 피라니아*Serrasalmus natterei* 떼, 카이만악어*Paleosuchus palpebrosus*, 세계에서 가장 큰 뱀 아나콘다*Eunectes murinus* 등 아마존 강에서만 볼 수 있는 특이한 수생 동물들도 만날 수 있다. 하구에 잘 발달한 맹그로브 숲에 사는 생물도 구경거리이다. 마지막을 장식하는 것은 아마존 강이 흘러드는 대서양의 일부분을 차지하고 있는 카리브 해인데, 이 열대 해역에 사는 곰치, 능성어, 복어 등이 기다리고 있다.

민물에 사는 물고기

머레이 강은 달링 강과 합쳐져 인도양으로 흘러드는 오스트레일리아 대륙의 중요한 수계이다. 이 강은 우리가 알고 있는 여느 강과는 달라 보인다. 강의 상류는 우기 몇 달

동안은 범람하지만 건기에는 말라 버리며, 중류는 사막 지대를 관통하여 흐른다. 이곳에서는 다른 대륙에는 없는 목도리도마뱀*Chlamydosaurus kingii*과 같은 동물을 볼 수 있다. 머레이 강은 오스트레일리아 남부의 태평양과 인도양이 만나는 곳으로 흘러든다. 이곳에 사는 바다가재, 쏠배감펭, 해마, 나비고기, 양쥐치, 놀래기 등이 구경거리이다.

마지막은 사라고사세계박람회가 열렸던 사라고사를 가로지르는 에브로 강 전시관이다. 에브로 강은 스페인에서 가장 유량이 풍부한 강이다. 이곳에서는 강을 따라 거슬러 오르는 연어와 송어를 볼 수 있다. 에브로 강을 따라 하류로 가다가 중류쯤에 이르면 수달의 귀여운 모습을 볼 수 있다. 이곳에는 다리를 쉬었다 갈 수 있는 의자가 마련되어 있어 수달이 헤엄치거나 노는 모습을 여유 있게 즐길 수 있다. 지중해로 흘러드는 에브로 강은 강을 따라온 관람객들을 지중해에 사는 동물들에게 안내한다.

오세아노폴리스 건물

프랑스 오세아노폴리스

오세아노폴리스Oceanopolis는 1990년 6월 21일, 프랑스 서부에 있는 브레스트Brest 시에 문을 열었다. 이 수족관을 개관한 목적은 일반인, 해양학자 그리고 바다와 관련한 직업을 가진 모든 사람들이 해양 과학과 기술, 그리고 해양 문화의 발전에 대해 서로 지식을 전달하고 교류하는 장을 마련하려는 것이었다. 오세아노폴리스가 프랑스의 수도 파리가 아닌 서부 끝 외진 곳에 세워진 데는 다 이유가 있다. 이곳은 프랑스 해양 과학 관련 기관들의 60퍼센트 이상이 모여 있는 그야말로 프랑스 해양 과학의 메카이기 때문이다. 프랑스 국립해양개발연구소IFREMER도 브레스트에 자리 잡고 있다. 오세아노폴리스는 해양박물관, 학생들을 위한 임해 실습 교육장, 수족관, 그리고 해양 놀이공원 등의 기능을 갖춘 복합적 해양 문화 공간이다. 프랑스의 유명 해양 건축가인 자끄 루즈리Jacque Rougerie는 본래 목적에 충실하도록 오세아노폴리스를 설계하였다. 오세아노폴리스는 기후대에 따라 극지방, 온대, 열대 등 크게 3관으로 나뉘어져 있는데, 1990년 개관할 당시에는 온대 해역의 해양 생태계만을 전시하였고, 2000년 봄이 되어서야 극지방 해역과 열대 해역 생태계를 새로이 전시하게 되었다. 전시 생물은 해파리부터 상어에 이르기까지 1000 종, 약 1만 마리에 달한다.

시설 규모는 총면적이 7000제곱미터, 건축 면적은 6000제곱미터, 전시 면적은 4678제곱미터, 그리고 관람 면적은 2600제곱미터이며, 수조의 총 부피는 420세제곱미터이다. 부대시설로는 158제곱미터 넓이의 자료실, 88석 규모의 영상실, 80제곱미터 넓이의 실험실을 갖추고 있다. 이외에 각종 특별 기획전이나 학술회의 등의 개최가 가능한 80제곱미터 넓이의 기획 전시실, 해양학과 수산업 관련 서적과 정기간행물이나 교육 기자재 등을 판매하는 서점, 아이들의 놀이기구에서부터 어른들을 위한 각종 바다와 관련된 생활용

오세아노폴리스 입구

품을 판매하는 기념품점, 해산물 요리를 먹을 수 있는 전문 음식점 등이 있다.

오세아노폴리스에서는 브레스트 인근 해역의 생물상을 보여 주기 위해 브르타뉴 지방의 긴 해안선을 따라 달라지는 생태계를 재현하였다. 수족관에 자연의 해양 생태계를 재현하는 것이 쉬운 일은 아니다. 그러기 위해서는 해양 생태계에 대한 높은 수준의 지식과 기술이 필요하기 때문이다. 오세아노폴리스는 대형 해조류를 실내 수조에서 자연 상태로 기르는 데 성공하였다. 그 전에는 세계에서 유일하게 미국 캘리포니아 주의 몬터레이베이수족관에서만 성공했었다. 이로써 프랑스 서해 연안의 해조숲에 서식하는 물개, 돌고래, 고래 등의 포유류와 어류, 그리고 갑각류와 같은 무척추동물들의 생물상과 풍부한 해양 생물의 다양성을 보여 줄 수 있게 되었다. 앞서 이야기했듯 수조에 자연 상태의 생물 서식 조건을 인위적으로 재현하는 것은 매우 어려운 일이다. 기본적으로 자연광, 해수의 순환, 공급, 여과 장치 등이 포함되어야 하기 때문이다. 오세아노폴리스 건물은 초대형 유리창을 이용하여 수조 안쪽까지 햇빛이 들어오게 하였으며, 보다 자연에 가까운 환경을 재현하기 위해 자연석을 이용하여 서식 환경을 만들었다. 또 연안에서 1500미터 떨어진 해상에서 채수한 해수를 공급하는데, 수조의 해수를 시

미국 몬터레이베이수족관에서 성공적으로 기른 대형 갈조류

간당 20퍼센트씩 바꿔 주면서 자동 제어 장치를 사용하여 수조별로 일정 수온을 유지시킨다. 해수가 오염됐을 경우에는 자동으로 해수 공급이 중지되도록 설계되어 있다. 해수의 재활용을 위해 각 수조마다 생물학적 및 기계적 여과 장치와 자외선 살균 장치가 장착된 해수 재순환 장치를 설치함으로써 시간당 60퍼센트의 해수가 재처리된다. 또 해수 역류 장치를 사용하여 바닷물을 거꾸로 내보내면서 침전물과 모래 등의 찌꺼기를 송수관에서 제거한다. 이렇듯 수족관에서 해양 생물을 전시하기 위해서는 비록 관람객의 눈에 띄지는 않지만 다양하고 복잡한 시설물의 설치가 필요하다.

이제 오세아노폴리스의 온대관, 열대관, 극지관을 차례로 둘러보자. 관람객이 수족관에 들어서면 온대관을 먼저 보게 된다. 온대관은 대서양, 도버 해협 등 브레스트 인근의 온대 바다를 보여 준다. 이곳은 육지로부터 많은 영양물질이 유입되고, 수심이 얕아 빛이 풍부하므로 해조류나 식물 플랑크톤이 잘 자란다. 아울러 이들을 먹고 사는 동물들도 많아 생명력이 넘치는 곳이다. 우선 눈에 띄는 것은 다시마와 같은 대형 갈조류가 울창하게 자란 해조숲이다. 그 밖에도 바위 해안과 갯벌, 해초밭 등에 사는 생물을 볼 수 있다.

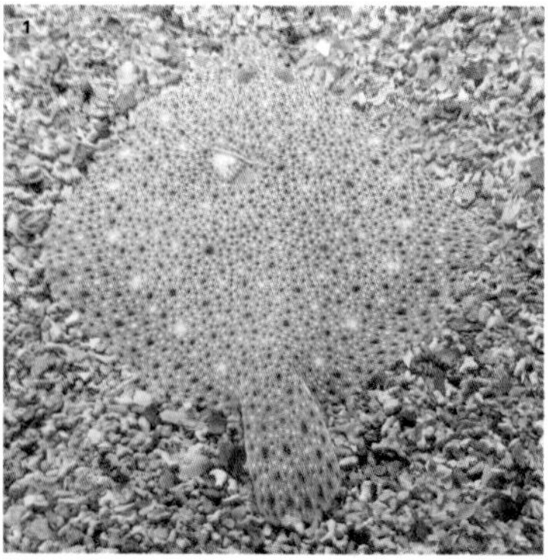

1 위장술이 뛰어난 넙치 **2** 여덟 개의 다리를 가진 문어

원통형 수조에는 전갱이 떼가 군무를 펼치고, 갯벌에는 굴을 파고 사는 바다가재가 있다. 또 모래밭에는 주변 색깔과 구별하기 힘든 넙치가 납작 엎드려 있다. 먹이를 먹는 회색 물범, 유유히 헤엄치는 상어, 화려한 춤을 선보이는 해파리, 대형 불가사리와 빨판이 달린 팔로 잘도 기어가는 문어 등도 이곳의 볼거리이다. 한편 어린이들을 위한 터치풀이 있어 불가사리의 거칠거칠하고 딱딱한 몸도 직접 만져볼 수 있다.

화려하기로 말하면 열대관을 꼽지 않을 수 없다. 이곳은 인도양, 카리브 해, 그리고 태평양의 프랑스령 폴리네시아타히티에 사는 해양 생물 전시장이다. 열대관하면 무엇보다

1 만다린피시 **2** 흰동가리 **3** 나비고기 **4** 복어의 일종

도 산호초가 주인공이라 할 수 있다. 그러나 수조 안에 산호초를 기를 수 있는 환경을 유지하는 것이 쉬운 일은 아니다. 우선 물에 부유물이 없도록 깨끗하게 관리해야 하고, 산호와 공생을 하는 황록공생조류갈충조류가 광합성을 할 수 있도

왕펭귄

록 충분한 빛을 비추어 주어야 한다. 이 수조에는 약 60종의 산호가 살고 있다. 산호 외에 알록달록한 열대 해역의 물고기들도 관람객의 시선을 끈다.

극지관에서는 펭귄, 북극곰 등을 볼 수 있다. 오세아노폴리스는 유럽 최대의 펭귄 전시 시설을 갖추고 있다. 극지관의 펭귄은 3종류, 45마리이며, 남극의 펭귄 생태 환경을 완벽하게 재현하였다. 펭귄의 발을 보호하기 위해 바닥에 얼음과 눈을 깔아 놓았는데, 얼음과 눈이 없으면 펭귄의 발에 관절염 같은 병이 생긴다고 한다. 남극과 동일한 환경을 만들기 위해 특수 공기 정화 장치를 가동하여 바이러스나 곰팡이에 의한 병의 감염을 막고 있으며, 수온은 늘 섭씨 4~6도를 유지하고 있다. 극지 생물들이 사는 곳을 되도록 자연 상태 그대로 만들어 주려는 수족관 측의 노력이 엿보인다.

오세아노폴리스에서 가장 인기 있는 전시 생물은 열대어, 상어, 펭귄, 북극곰 등이다. 특히 왕펭귄은 이곳에서 직

북극곰

접 부화하여 관람객들과 매우 친밀하다. 그러나 젠투펭귄은 왕성한 번식력 때문에 최근 숫자가 너무 늘어나 2009년에는 산란한 알을 부화시키지 않고 폐기시켜 버리기도 하였다. 수족관 직원 중에는 박사 학위를 소지한 10명의 과학자들도 있으며, 외부 전문가들과 어떤 생물을 전시할지 등에 관해 의견을 수시로 교환하고 있다.

오세아노폴리스의 관장은 직접 구석구석을 돌아다니며 문제가 발생하지는 않는지 일일이 확인한다. 그는 바다의 메시지를 인간에게 전달하는 중계자의 역할을 수족관이 해야 한다고 믿는다. 해양 과학 지식을 정확하게 전달하기 위해서는 해양 전문가와 일반인을 연결시켜 주는 가교 역할이 필요하다. 그래서 오세아노폴리스는 프랑스의 모든 해양 관련 기관, 예를 들어 연구 기관인 국립해양개발연구소, 자연사박물관, 브레스트대학, 일반 연구소, 국립과학연구원CNRS 등과 전시에 관한 모든 협의를 한다. 많은 전문가들이 관여하므로 수족관의 전시물에 대해 전문적이고 자세한 설명을 만들 수 있으며, 자연스레 전시의 질이 높아진다.

오세아노폴리스는 최근 문제가 되고 있는 전 지구적 기후 환경 변화에 대한 전시도 하고 있다. 지구 온난화는 수온 상승을 비롯하여 바닷물의 산성화, 해수 중 이산화탄소의 증가 등을 불러와 수산물이 감소하고 패류나 산호의 껍데기와 골격이 녹는 등 여러 가지 악영향을 미친다. 이러한 영향을 받는 해양 생물들을 전시함으로써 관람객들에게 지구 온난화의 심각한 피해에 대한 경각심을 불러일으킬 수 있다. 오세아노폴리스는 이 전시를 위해 유럽연합EU에서 재정적인 지원을 받고 있다.

이 수족관의 방문객은 연간 40~50만 명 정도이다. 관람객 중에는 오히려 수족관이 위치한 브레스트 인근 주민의 숫자가 적은 편이며, 대부분은 여름 휴가철에 외지에서 오는 관광객들이다. 만약 파리에 이런 수족관이 있었다면 관람객이 족히 100만 명은 넘었을 것이다. 이곳 수족관의 특징 중 하나는 유아 및 초등학생들을 위한 교육 프로그램이 잘 준비되어 있다는 것인데, 해마다 최대 5만 명의 학생들이 이 프로그램에 참여하고 있다.

참고로 오세아노폴리스에서 가까운 곳에는 라로쉘수족관이 있다. 이 수족관은 개인이 영리 목적으로 운영을 한다. 브레스트에는 연 350만 명의 관광객이 찾아오는데, 이중 연 70~80만 명은 이 수족관도 방문한다고 한다.

노지카국립해양센터

프랑스 노지카국립해양센터

프랑스 노지카국립해양센터Nausicaa National Sea Center는 1991년 5월 17일 개관한 종합 해양 과학관으로 해양 과학 발전과 해양 문화의 창출에 역점을 두고 일반 대중에게 해양 과학 지식과 정보를 전달하고 교육할 목적으로 건립되었다. 인류는 바다의 자원이 무한할 것이라는 믿음을 가지고 무분별하게 자원을 이용해 왔다. 그러나 해양 자원도 육상 자원과 마찬가지로 한계가 있음을 깨달았으며, 한번 해양 환경의 균형이 깨지면 회복되기 힘들다는 것도 알게 되었다. 노지카국립해양센터는 바다를 보호하기 위해 이러한 사실을 많은 사람들에게 알리고 이해시키고자 노력하고 있다.

노지카국립해양센터는 교육, 홍보 목적 이외에 해양연구센터로서의 연구 기능도 수행하면서 세계의 관련 기관과 연구 협력 및 정보 교류에도 힘쓰고 있다. 총면적은 약 1만 5000제곱미터이며, 세부적으로는 수조 면적 1400제곱미터를 포함한 전시 면적 3500제곱미터, 연구실 5500제곱미터, 자료실 1100제곱미터, 기장비실 1500제곱미터, 부대시설 1000제곱미터, 관람 동선 점유 면적 2400제곱미터로 구성되어 있다. 이처럼 연구실 면적이 전체 면적의 거의 3분의 1을 차지할 정도로 연구에 높은 비중을 두고 있다. 예술적인 건물 외형은 물론 전시장별로 실내 장식, 음향, 색채, 기온, 습도 조건 등을 달리하여 관람객들은 마치 바닷속에 들어선 것 같은 기분을 느낄 수 있다.

1982년부터 짓기 시작하여 1991년에 완공한 노지카국립해양센터의 총 공사 기간은 9년이다. 공사 기간을 구체적으로 살펴보면 개념 확정에 1년, 기본 설계에 1년 6개월, 전담반 구성에 1년, 실시 설계에 1년 6개월, 건축 공사에 2년, 내부 공사에 2년이 걸렸다. 그만큼 신경을 많이 써서 건립하였다는 반증일 것이다. 노지카국립해양센터는 시市가 소유한 땅에 건립되었으며, 소요 경비는 세금을 제외하고 총 1억

6000만 프랑(한화로 약 224억 원)이 들었다. 세부적으로 어디에 얼마나 많은 돈이 지출되었는지 살펴보면 건물을 짓는 데 140억 원, 시청각 장비를 구입하는 데 56억 원, 기타 설비 및 사무 집기 구입에 28억 원이 들었다. 특이한 것은 해양센터 건립을 위해 시민들이 기부한 금액도 총 공사비의 4퍼센트에 달했다는 점이다.

노지카국립해양센터가 있는 불로뉴 시는 프랑스 북부에 있으며, 유럽 제일의 수산물 집산지로서 수산업 중심 도시이다. 시의 북부는 넓은 모래밭과 아기자기한 바위 해변이 있어 해수욕을 하거나 산책하기에 좋다. 한편 남부의 넓은 모래밭과 긴 해안선은 골프, 승마, 요트, 파도타기 등을 할 수 있는 놀이 공간이 된다. 또 1993년 완공된 프랑스와

불로뉴 해안의 백사장

다양한 학습 자료를 전시한 노지카국립해양센터

영국을 잇는 해저 터널이 불과 25킬로미터 거리에 있고, 불로뉴 시의 주위에는 전통적인 전원생활을 엿볼 수 있는 마을이 있어 관광객들이 많이 찾는다.

노지카국립해양센터의 특징은 단순한 수족관이 아니라 해양 과학과 해양 문화를 모두 다루는 종합해양센터라는 점이다. 즉 박물관, 과학기술전시관, 수족관, 연구소, 그리고 놀이공원까지 다 모아 놓은 곳이다. 북극해부터 열대의 산호초에 서식하는 생물까지 다양한 생물이 전시되어 있으며, 600톤 규모의 상어 관찰 수조와 심해로의 탐험이 가능하도록 설계되었다.

노지카국립해양센터는 프랑스의 유명한 해양 건축가인 자끄 루즈리가 설계하였으며, 이제까지의 수족관이나 해양 박물관과는 다른 의미로 설계한 건축물이다. 루즈리는 인간의 거주 공간으로 해저 공간을 염두에 두고 노지카를 설계하였다. 관람객들은 노지카에서 해수면 아래 해저 삼차원 세계에 대한 경이로움을 느낄 수 있다. 외관은 대양을 향해 항해를 막 시작하려는 탐사선처럼 생겨 보는 이로 하여금 꼭 들어가 보고 싶은 충동을 느끼게 한다. 내부는 자크 루즈리가 자신이 가진 건축가로서의 감각, 경험과 지식을 총동원하여 심해를 탐사하는 듯 신비한 느낌이 드는 특이한 입체 구조로 설계하였다.

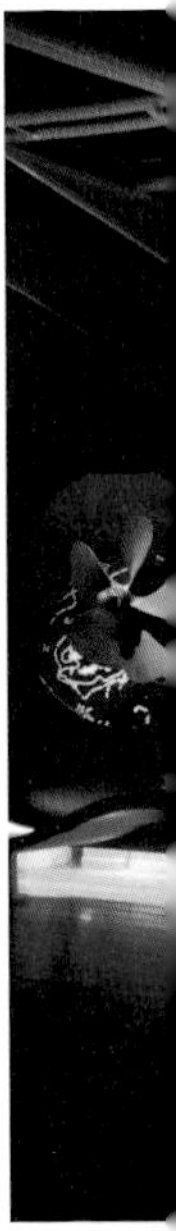

전시 연출 전문가인 크리스티앙 르 꽁뜨Christian Le Conte와 제네비에브 느와로Genevieve Noirot는 1985년 '노지카 계획'에 공동으로 참가하였다. 이들은 자끄 루즈리가 설계한 공간에서 방문객들이 신비로운 바다를 탐험하며 감동을 받을 수 있도록 연출하였는데, 이를 위해 구체적인 자연 현상을 면밀히 분석하였다. 예를 들어 플랑크톤 세계를 보여 주기 위해 15미터 높이의 합성수지 전시판에 플랑크톤을 영양 단

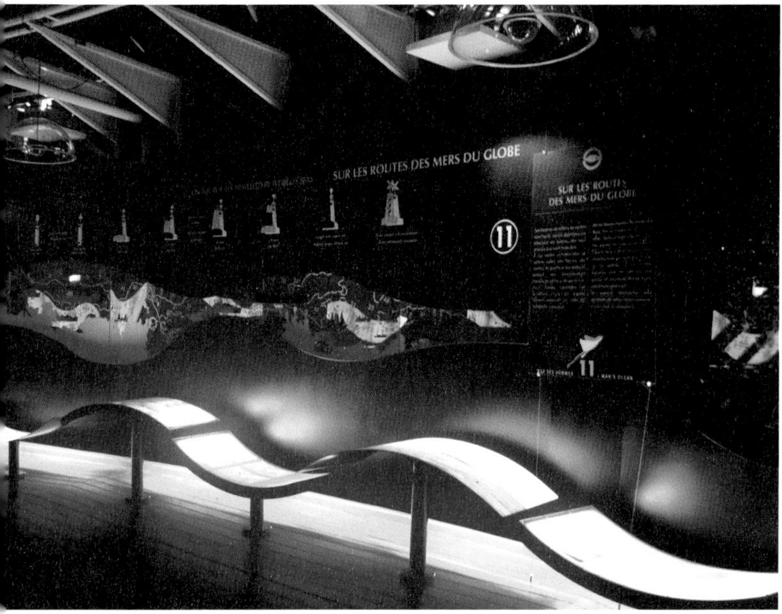

노지카국립해양센터의 내부

계별로 음각하고, 플랑크톤을 상징하는 발광 해파리 모양의 초록색 야광 수백 개로 그 주위를 에워싸서 해저의 신비감을 실감나게 연출하였다. 수족관이나 자연사박물관이라고 하면 지식 정보 전달만을 염두에 둔 무미건조한 분위기일 것 같지만 노지카국립해양센터는 미술관에 들어와 있는 것처럼 색다른 느낌을 준다.

노지카국립해양센터의 음향 효과는 연출과도 밀접한 관련이 있다. 음향 효과 담당자는 음향 장비를 적절히 배치하여 60개의 스피커를 통해 34개 배경 음악이 13개 공간에서 각기 다른 음향 효과를 내도록 하였다. 바다는 일반인이 생각하는 것처럼 침묵의 세계가 아니다. 이곳에서는 바다도 고래나 물고기가 내는 소리, 모래나 바위에 물결이 부딪치는 소리, 잠수정에서 나는 소리 등 여러 가지 소리로 둘러싸여 있다는 사실을 음향 효과를 이용하여 연출하였다. 또 각 전시 특성에 맞게 음향 효과를 넣어 방문객의 발걸음이 빨라지거나 늦어지도록 하는 방식으로 관람 동선을 관리하고 있다. 음향 효과는 각종 전시물에 생명을 불어넣는다. 특히 대형 디오라마diorama, 배경을 그린 길고 큰 막 앞에 여러 가지 물건을 배치하고, 그것을 잘 조명하여 실물처럼 보이게 한 장치에 의해 영상 전시가 연출되는 원양어선 선실은 음향 효과가 더욱 중요한 역할을 한다. 노지카에서 관람객들은 바닷속 진기한 소리의 세계를 만나게 된다. 물론 이런 소리는 인위적으로 만든 것이 아니고 자연의 소리를 편집한 것이다.

노지카국립해양센터의 전시 연출을 위하여 전 세계의 여러 관련 시설들과 3000여 종의 전시 품목을 세밀히 분석

1 노지카국립해양센터의 내부 **2** 상영실

하였고, 바다의 모습, 해양에 관계된 기술과 도구 등은 전문가 자문을 받아 재구성하고 연출하였다. 이러한 연출 덕분에 관람객들은 노지카에서 바다의 신비감을 맛볼 수 있다. 일례로 특수 제작된 투명 아크릴 반구를 수조 밑바닥에 설치하여 바다 밑바닥에 사는 갑각류를 바로 코앞에서 관찰할 수 있도록 한 것은 재미있는 발상이다. 대부분의 수족관에서는 관람객들이 이러한 생물들을 내려다보게 되어 있어 주로 등 쪽만 보게 되는데, 이처럼 다른 눈높이에서 생물을 바라보면 또 다른 분위기를 느낄 수 있다. 수족관에서 살아 있는 게나 새우의 배를 볼 수 있는 기회는 거의 없으니 말이다.

이밖에도 독특한 전시 연출이 많다. 관람객들은 조명의

거꾸로 선 피라미드 모양의 수조

밝기를 통해 수심 변화를 느낄 수 있다. 점점 밝아지거나 어두워지는 미묘한 차이를 느끼며 수심이 깊어지고 있다는 것을 몸으로 감지할 수 있다. 또 수조는 사각형이나 원통형이라는 고정 관념을 깬 거꾸로 선 피라미드 모양의 수조도 만날 수 있다. 관람객이 마치 그물에 갇힌 느낌이 들도록 만들어진 다이아몬드 모양 수조는 여느 수족관에서는 볼 수 없는 독특한 것이다. 물고기가 수조에 갇힌 것이 아니라 구경하는 사람이 오히려 그물 속에 갇혀 그물 밖에서 자유롭게 헤엄치는 물고기를 바라보고 있는 것 같은 착각이 든다.

노지카의 또 다른 중요한 기능은 해양자료관으로서의 역할이다. 부대시설인 자료관에는 해양에 관계되는 책과 간행물, 슬라이드, 필름, 비디오테이프 등 다양한 자료를 갖추고 있으며, 전문가는 물론 일반인들에게도 제공한다. 한편 어린이를 위한 그림책부터 전문 서적과 논문에 이르기까지 해양에 관련된 모든 자료가 있는 도서실이 있으며, 300편의 영화와 5000장의 영상 자료도 소장하고 있다. 120석의 상영실에서는 만화 영화에서부터 전문 분야를 다룬 것까지 바다에 관한 모든 영상을 보여 준다. 또 영상 자료실에는 외국 유명 텔레비전 방송국에서 제작한 최신 다큐멘터리도 있다.

노지카는 신비로운 여러 가지 자연 현상들이 어우러져 일어나는 바다 세계를 쉽게 보여 주기 위해 특별한 건축 설계와 최첨단 시청각 장비를 활용하여 방문객이 바다를 보고, 듣고, 느낄 수 있도록 분위기를 연출하였다. 노지카에서 경험한 바다에 대한 감동은 자연스럽게 바다에 대한 이해로 연결된다. 노지카를 방문하고 나면 바다에 대해 관심이 생기고 바다를 좋아하게 된다. 노지카의 전시 개념은 바다는 사람 없이도 존재할 수 있지만 사람은 바다 없이는 살 수 없다는 철학에서 시작한다.

이제 노지카의 구석구석을 살펴보도록 하자. 하찮은 생물처럼 보이지만 바다에서 가장 중요한 생물이 플랑크톤이다. '플랑크톤 세계'에서는 바닷물에 떠서 사는 생물을 보여 준다. 바다 생태계를 떠받치는 기둥 역할을 하는 각종 동·식물플랑크톤이 폭 50미터의 특수 제작된 합성수지 전시판에 연출되어 있다. 바다 먹이사슬의 1차 생산자로부터 최종 소비자인 사람에 이르기까지 먹고 먹히는 관계가 비디오로 상영되고, 플랑크톤이 풍부한 수심 100미터 이내에 이를 먹는 각종 해양 생물들이 주로 살고 있다는 것을 20미터 폭의 원형 스크린을 이용해 보여 준다. 또 수심이 100미터보다

플랑크톤 세계

깊은 곳에서는 생물의 종류와 수가 줄어들며 형체도 특이해진다는 사실을 눈으로 확인할 수 있다. 관람객들은 수조 안 어류의 몸 색깔이 주변 환경에 따라 변하고, 포식자의 눈에 잘 띄지 않도록 주변 환경과 비슷한 모양을 하고 있는 것을 보면서 환경과 생물 사이에 밀접한 관계가 있다는 사실을 알 수 있다.

'심해 세계'는 수심 3000~4000미터의 깊은 바닷속을 보여 준다. 생물이 많지 않은 사막과 같은 심해에서 유난히 생물이 바글거리는 생명의 오아시스인 열수 분출공 주변을 실물대로 형상화한 모형이 전시되어 있다. 관람객들은 잠망경을 통해 각종 심해 생물의 사진을 볼 수 있다.

'열대 산호초 세계'는 열대 해역의 산호초 생태계를 보여 준다. 자연광을 이용하여 실내 온도 섭씨 26~28도, 습도 89~90퍼센트를 유지한다. 각종 산호와 1000여 마리의 열대어가 살고 있는 100톤의 수조는 실내 장식, 음향, 색채, 기온, 습도 등을 열대 산호초 바다처럼 재현하였다. 환경 조건을 유지하고 입장객 수를 조절하기 위해 출입구는 회전문을 사용하였고, 열대 바다를 방문한 뒤 곧바로 온대와 한대 바다에 사는 생물을 전시한 수족관을 볼 수 있도록 배치함으

터치풀

로써 관람객 스스로 수온 변화에 따른 서식 생물상의 변화를 알아차리도록 연출하였다.

'냉수어족관'에는 열대 바다에 비해 생물의 종수가 많지 않지만, 생물량은 많아 수산업이 활발하게 이루어진다는 것을 보여 준다.

'지중해관'에서는 오염이 심해 생태학적으로 심각한 상황에 처한 지중해의 환경 현실을 알려 준다. 합성수지를 사용하여 특수 제작된 반구형 수조에서 관람객들이 생물을 최대한 가까이 관찰할 수 있도록 하였다.

'북해관'에서는 불로뉴 주변 해역에 서식하는 어류와 무척추동물을 중심으로 북대서양에 사는 해양 동물과 식물을 보여 준다. 특수 조명과 음향 장치가 있는 통로를 지나면 유리 피라미드를 거꾸로 공중에 매달아 놓은 다랑어 회유 수조에 이른다. 이 역피라미드 수조는 건축사상 처음으로 시도된 수조로 연출 효과에 의하여 관람자는 다랑어와 함께 그물에 사로잡힌 듯한 느낌을 받는다.

'체험관'에는 첨단 시청각 기자재를 사용하여 북해 원양에서 행해지는 저인망 조업을 생생히 체험할 수 있도록 원양어선의 조타실과 갑판 등을 실제로 옮겨 놓았다. 이곳에서는 각종 어구 등 어로 작업에 필요한 모든 장비를 직접 만져 볼 수 있다. 그러나 이 시설은 낡아서 곧 다른 전시물로 대체될 예정이다. 원양 저인망 어선에서 현장감 있는 체험을 한 후 바다목장과 같은 새로운 수산 양식 기술을 살펴보고, 인류가 앞으로 어떻게 바다를 이용할 것인가에 대해 배우게 된다.

터치풀에서는 안내원의 도움으로 가오리, 성게, 조개, 불가사리 등 해양 생물을 직접 만져 보는 즐거운 경험을 할

수족관을 배회하는 상어

수 있다. 이어서 1층과 2층을 꿰뚫은 원통형 투명 원주에 다다른 관람객들은 인공위성에서부터 심해 잠수정에 이르는 각종 해양 탐사 장비 모형을 보고, 해양 탐구가 우주 공간 탐구에 비해 미흡하다는 것을 깨달을 수 있다. 끝으로 관람객들은 해중공원식으로 꾸며진 특수 수족관에서 배회하는 상어를 보며 공포를 체험하면서 노지카국립해양센터의 수족관 관람을 마치게 된다.

프랑스 해양연구소 입구

프랑스 해양연구소 수족관

파리 시내 각종 연구소들이 모여 있는 뤽상부르그에 자리 잡은 해양연구소는 모나코해양박물관의 건축 양식과 유사하게 건립되었다. 프랑스 해양연구소 수족관Institute Oceanographique은 크기나 전시 연출 면에서 앞서 소개한 다른 수족관과 비교하면 상대가 되지 않을 정도로 규모가 작다. 그러나 해양 관련 체험 학습을 위해 학생들이 항상 붐빌 정도로 교육 프로그램이 활발하게 진행되고 있다. 연구소의 출입문 위에는 문어 조각이 있어 처음 방문하는 사람도 이곳이 바다와 관련이 있는 기관이라는 사실을 쉽게 눈치챌 수 있다. 사무실의 벽은 이곳이 미술관인지 연구소인지 분

1 해양 생물 그림으로 가득 찬 사무실 2 해양연구소 대강당

간이 안 될 정도로 온통 바다와 관련된 그림들로 가득하다. 심지어 천장의 전등이 달린 곳에도 바다 생물 그림으로 장식을 하였다.

건물 내부에는 해양학을 전공하는 학생들이 수업을 들을 수 있는 크고 작은 강당이 있으며, 어린이와 청소년들이 바다에 대해 배울 수 있는 프로그램들을 진행하는 수족관과 전시실을 갖추고 있다. 도서관에는 방대한 분량의 해양 관련 서적과 논문집 등이 보관되어 있는데, 상당수 자료는 모나코해양박물관에 소장되어 있던 것을 이곳으로 옮겨온 것

1전시관 내부 **2**유아를 위한 학습 시설

이다. 100여 년 전의 진귀한 해양 도서들도 서가에 빼곡하게 꽂혀 있다. 강당 내부는 오랜 역사의 흔적이 느껴진다. 거친 파도를 헤치며 고래를 사냥하는 그림이 강당 뒤편을 장식하고 있으며, 해양 조사를 하는 그림도 관람객의 시선을 끈다.

수족관에는 프랑스 국립 해양개발연구소IFREMER의 심해 유인 잠수정 노틸을 이용하여 촬영한 열수 분출공 주변 생물을 모형으로 만들어 전시해 놓은 곳이 있고, 어린이들이 생물의 이름을 알아맞히며 학습할 수 있는 소형 터치풀이 마련되어 있다. 그리 크지 않은 수조에는 어린이들이 흔히 볼 수 있는 물고기나 성게, 불가사리 등이 들어 있는데, 선생님의 설명을 들으며 직접 만져 볼 수도 있다.

세계 곳곳의 대규모 수족관을 방문한 경험이 있다면 프

영화 「니모를 찾아서」의 주인공인 흰동가리

랑스 해양연구소 수족관은 사실 그다지 흥미를 느낄 만한 곳은 아니다. 「니모를 찾아서」라는 만화 영화를 본 어린이들이 좋아할 흰동가리 수조가 그나마 인기가 있다. 흰동가리는 오렌지색 몸통에 까만 띠를 두른 흰색 줄이 선명한 매우 예쁜 물고기이다. 이 물고기가 바로 「니모를 찾아서」의 주인공이다. 말미잘의 촉수에 몸을 비비며 자기 자리를 떠나지 않고 부지런히 움직이는 모습이 귀엽다.

모든 전시물은 여느 과학관에서 볼 수 있는 사진이나 모형들로 최첨단 시설은 없지만, 어린 학생들의 눈높이에 맞추어 잘 만들어져 있어 전시물 앞에서 학생들과 선생님이

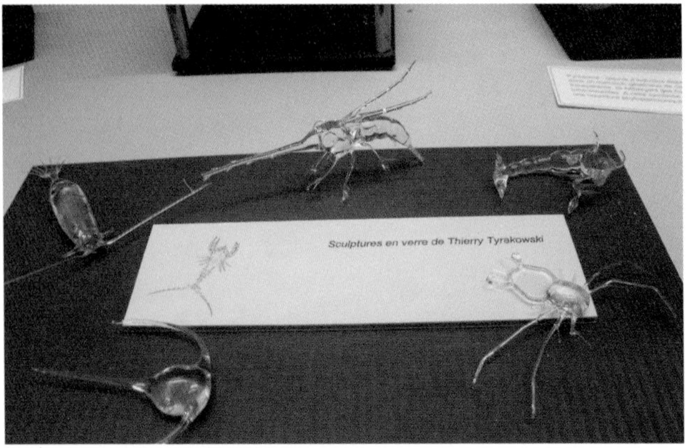

유리로 만든 플랑크톤

진지한 토론을 펼치는 모습을 종종 볼 수 있다. 전시물 가운데 특히 유아들의 흥미를 유발하기 위한 교육 시설이 잘 되어 있다. 예를 들어 동물의 눈을 보고 그 동물의 울음소리를 서로 연결해서 맞히면 소리가 나도록 만든 놀이기구 겸 학습 도구는 어린이들이 재미있어 할 만하다. 또 아주 작은 플랑크톤을 유리로 만들어 놓은 것도 예술의 나라 프랑스다운 발상이라 하겠다.

프랑스 열대 수족관 입구

프랑스 열대 수족관

프랑스 열대 수족관Aquarium Tropical, Palais de la Porte Doree은 열대 지방에 사는 생물들을 주로 전시한 공공 수족관으로, 파리 12구에 있는 황금 문을 가진 성Palais de la Porte Doree이라는 건물에 자리 잡고 있다. 이 수족관은 1931년 국제 식민지 박람회 개최 기간 동안 관람객들에게 열대 지역의 수생 동·식물들을 보여 주기 위하여 설립되었다. 열대 수족관이라는 이름은 식민지 박물관을 건립할 당시에 붙여졌는데, 수족관이 있는 건물은 박람회 행사가 끝난 후 현재까지 남아 있는 유일한 것이다.

1985년에 이 수족관은 역사적인 건물의 외관을 보존하

1 민물가오리 **2** 열대 어종인 양쥐돔 종류 **3** 수조를 구경하는 어린이들

면서 내부는 당시 최신 기술로 개선하는 공사를 하였다. 수족관은 건물 1층에 있으며, 전시 동물은 총 350여 종 5000여 마리가 있다. 어종 및 생태 특성에 따라 80개에 달하는 수조에 다양한 생물을 전시하고 있는데, 이 수조의 용량은 100리터에서 3만 7000리터까지 다양하다.

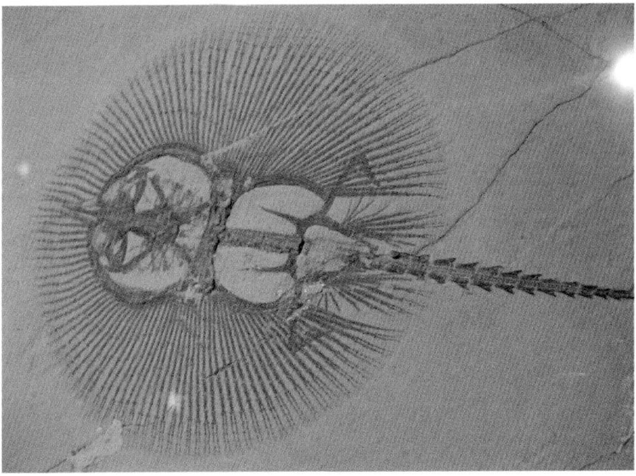

가오리 화석

입구로 들어가면 원시 어류의 진화에 대한 내용을 볼 수 있는데, 이곳에서는 보기 드문 가오리 화석을 전시해 놓았다. 가오리 같은 연골어류는 뼈가 단단하지 않아 화석이 만들어지기 어렵기 때문에 화석이 귀할 수밖에 없다. 열대 수족관은 해양 생물만 전시한 것이 아니므로 열대 지방에 사는 민물고기도 전시되어 있다. 흔히 가오리라고 하면 바다에서만 사는 것으로 알고 있지만, 이곳에서는 민물에 사는 가오리도 볼 수 있다. 열대 지역의 수중 생물들은 아시아, 아프리카, 남아메리카 등지에 서식하는 것들이다.

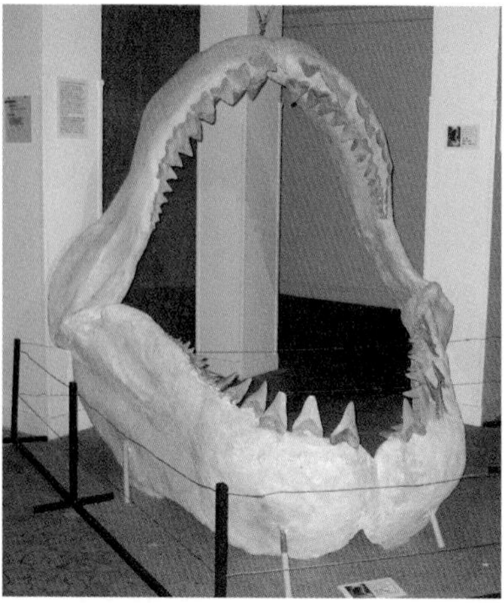

어린이들이 즐겨 사진을 찍는 상어 이빨

수족관은 어린이와 성인을 위한 다양한 교육 프로그램도 운영하고 있다. 초등학생을 위한 약 1시간짜리 견학 프로그램도 있고, 대학생을 위해 '생물 다양성'이나 '생물의 진화와 분류' 등에 대한 프로그램도 마련되어 있다. 또 일반인을 위해서는 '열대어의 생활'이나 '수중 생활에 적응하는 방법' 등과 같이 특별한 주제가 있는 프로그램을 개발하였다. 자연사박물관과 연계하여 생물의 진화에 관해 알아보는 과정도 있다.

킬수족관

독일 킬수족관

독일 북부 도시 킬Kiel에 있는 킬수족관은 1972년에 문을 열었다. 수족관은 북해를 바라보는 킬대학의 캠퍼스와 붙어 있다. 킬대학은 해양 생물 분야에서 많은 연구 업적을 남긴 학교로 수족관과 긴밀한 협력을 하고 있다. 킬수족관에서는 주로 인근 바다인 북해와 발틱 해에 살고 있는 해양 생물 위주로 전시하고 있는데, 보유한 동물은 130종, 약 1150마리이다. 그 가운데 가장 인기를 끄는 동물은 물범이며, 발틱 해에 서식하는 어류가 헤엄치는 대형 수조도 인기가 있다. 이 외에도 해마, 흰동가리, 가오리, 게, 불가사리 등의 생태를 관찰할 수 있다.

킬수족관 앞 항구 풍경

킬수족관에서는 인근 해역의 중요한 어류 자원인 대구와 청어를 볼 수 있다. 대구는 지난 세기까지만 해도 북서대서양, 지중해, 발틱 해 등에서 흔하게 잡히던 수산 자원으로, 값이 싸서 서민들이 즐겨 먹었다. 그렇지만 지금은 자원이 많이 줄어들어 가격도 비싸지고 흔하게 먹지 못한다. 청어는 세계적으로 흔한 어종이고, 떼로 몰려다니기 때문에 잡기가 쉬운 수산 자원이다.

킬수족관은 유료 안내 관람 제도를 운영하고 있으며, 원하는 날짜의 최소 14일 이전에 신청하면 수족관과 기술

1

2

1 물범에게 먹이를 주고 있는 사육사 **2** 헤엄치고 있는 물범

1 홍합을 공격하는 불가사리
2 가오리의 배면
3 게

분야에 대해 관련 전문가로부터 설명을 들으며 관람할 수 있다. 유치원 및 공립학교 학생들은 인솔 교사와 함께 무료 안내 관람을 할 수 있다. 독일의 수족관은 프랑스 수족관에 비해 규모나 시설 면에서 다소 뒤떨어진다. 킬수족관도 역사가 오래되어서인지 수조의 유리면에 흠집이 많고, 유리면 내부가 깨끗하게 청소되어 있지 않아 수조 안의 생물을 관찰하기에 불편한 점이 있다.

런던수족관 외관

영국 런던수족관

런던수족관은 템스 강 남쪽 둑에 자리 잡고 있다. 런던을 방문한 관광객이라면 꼭 둘러보는 국회의사당 건물과 웨스트민스터사원 바로 근처에 있다. 수족관은 초현대식으로 최대 용량 1000톤의 수중 터널 수조를 가지고 있으며, 용량이 약 200톤에 달하는 50개의 수조에 약 400종의 해양 생물이 전시되어 있다. 대형 연골어류인 귀상어를 비롯하여 각종 열대 어류, 해마, 해파리, 해달 등 1000여 마리의 해양 생물을 만나 볼 수 있다.

런던수족관에서는 관람객이 직접 해양 생물을 만져 보며 체험할 수 있도록 터치풀 안에 불가사리, 거미불가사리,

런던수족관 앞 전경

집게 등 조간대에서 흔히 볼 수 있는 생물들을 전시하고 있다. 대서양 수조에서는 상어나 기타 신기한 해양 동물이 먹이 먹는 장면을 방문객들이 가까이에서 관찰할 수 있도록 다이버가 먹이 주는 장면을 공개하고 있다. 한편 런던수족관은 고래 보호 운동 등 해양 생물을 보호하는 활동도 펼치고 있다.

수족관 입구를 통해 들어가면 계단이나 엘리베이터를 타고 지하 1층으로 내려간다. 제일 먼저 만나는 것은 민물에 사는 물고기들이다. 그리고 이어 대서양에 사는 고등어 등 바닷물고기를 볼 수 있다. 대서양 수조는 위층과 아래층에 연결되어 있기 때문에 이곳에서는 수조의 윗부분을 볼 수 있다. 다음 수조는 다시 강이나 연못에 사는 잉어와 송어 등 민물고기를 보여 준다. 다음은 다양한 상어와 가오리 등

1 불가사리
2 거미불가사리
3 정원뱀장어

태평양에 사는 해양 생물을 볼 수 있는 곳인데, 이 수조 역시 위층과 아래층에 걸쳐 있어서 지하 1층에서는 태평양 수조의 윗부분을 볼 수 있다. 태평양을 지나면 인도양 수조가 나타난다. 인도양 수조에는 정원뱀장어 등 열대 해역에 흔한 물고기들이 살고 있다.

인도양 수조를 관람하고 나면 다시 한층 아래쪽으로 내려가게 된다. 위층에서 대서양 수조의 윗부분을 보았는데, 이번에는 대서양 수조의 아랫부분을 볼 수 있다. 주로 바닥

1 말미잘 2 피라니아

에 살고 있는 문어, 개상어, 가오리 등이 눈에 띈다. 살아 있는 진짜 물고기들 사이로 헤엄치는 로봇물고기도 구경거리 중 하나이다. 이어 만나는 터치풀에서는 직접 해양 생물을 만져 볼 수 있다. 여느 수족관과 달리 이곳의 터치풀은 상어의 거친 피부나 가오리를 만져 볼 수 있는 것이 특징이다. 이어지는 수조에는 온대 해역에 사는 바다가재, 말미잘 등과 같은 생물이 있다. 그 다음에 나타나는 수조는 위층에서 보았던 태평양 수조의 아랫부분이다. 상어나 가오리 등은 대부분 수조 위아래를 헤엄쳐 다니기 때문에 지하 1층에서 만났던 생물을 다시 만날 수도 있다.

그 뒤에 기다리고 있는 것은 열대 지방에 사는 생물을

보여 주는 수조들이다. 열대 해역의 산호초에 사는 흰동가리, 곰치, 복어, 쥐돔 등을 전시한 수조와 말미잘, 해마, 해파리, 씬뱅이 등 열대 해역에서 볼 수 있는 신기한 해양 생물 수조가 있다. 이 수조를 지나치면 아마존 강에 사는 무시무시한 피라니아를 비롯해 열대 지방의 민물에 사는 물고기가 반긴다. 다음은 열대 지방 바닷가에 무성하게 자라는 맹그로브 숲의 생물들과 열대 우림에 사는 생물들이 이어진다. 열대 우림 민물에 사는 물고기를 구경하고 나서 에스컬레이터를 타면 출구를 통해 밖으로 나가게 된다.

포르투갈 리스본수족관

포르투갈의 수도 리스본에 자리 잡고 있는 리스본수족관Oceanário de Lisboa은 1998년 리스본세계박람회 때 만들어졌다. 수족관의 겉모습에서는 아름다움과 우아함을 복합적으로 느낄 수 있다. 바다 한가운데 솟아 있는 섬의 이미지, 그리고 이제 곧 미지의 해양 세계로 탐험을 떠날 준비를 끝내고 연안에 정박 중인 선박의 이미지를 모두 가지고 있다. 건물 위로 솟아 있는 하얀색의 돛대와 밧줄은 수족관의 유리 지붕을 지탱하는 역할을 하고, 건물 네 귀퉁이에 돌출되어 있는 날개는 잔잔한 파도나 둥지에 내려앉는 갈매기의 날개를 연상시킨다.

리스본수족관

수족관 네 귀퉁이에는 각각 북대서양, 남빙양, 태평양, 인도양에 살고 있는 해양 생물이 전시되어 있다. 다리를 통해 수족관으로 들어가면 관람객은 우선 중앙에 있는 용량 5000톤의 거대한 해수 수조와 마주치게 된다. 북대서양, 남빙양, 태평양, 인도양 등 4개의 연안 서식지를 보여 주는 4개의 수조는 수족관 중앙에 있는 이 거대한 해수 수조에서 만나게 된다. 이들 수조가 리스본수족관의 가장 중요한 전시물이다. 수족관은 그 자체가 하나의 거대한 세포이며, 그리스신화에 나오는 대지의 신 가이아Gaia를 상징하고 있다.

북대서양관의 전시물은 지상층과 수중층에 분포되어 있다. 각각의 서식지는 지상층에서 볼 수 있는데, 유리로 된 지붕을 통해 들어오는 햇빛 때문에 수족관이 아니라 자연 서식지처럼 보인다. 북대서양 서식지는 북대서양 포르투갈령 아조레스 군도에서 아이슬란드에 이르는 해안의 기후, 지질 특성, 동·식물상을 그대로 재현하였다. 이곳 해안은 짙은 회색을 띠는 현무암으로 이루어져 있으며, 표면은 바람과 파도의 작용으로 풍화가 많이 되었다. 이 암반 해안에서는 바다쇠오리나 칼주둥이바다오리razorbill auk와 같은 바닷새가 날아다니거나 물속으로 잠수하는 모습을 볼 수 있다.

바다쇠오리

또 북대서양 해안에서 흔히 볼 수 있는 소나무와 로즈메리 같은 식물이 심어져 있어 마치 북대서양 바닷가에 서 있는 듯한 기분이 든다. 해수면 주변에서는 말미잘, 불가사리, 홍합, 군부, 해조류 등을 발견할 수 있다. 이 서식지를 만든 가장 큰 목적은 바닷새들이 사는 모습을 있는 그대로 보여 주고자 한 것으로, 이를 위해 실제 바닷새들이 사는 암반 지형을 조성하였다. 해수에 잠긴 암반 사이로 각종 상어가 우아하게 헤엄치는 것을 볼 수 있고, 대구나 연어, 돔 종류들도 볼 수 있다. 암반의 후미진 굴속에는 붕장어가, 모랫바닥에는 가오리가 숨어 있다. 북대서양 수조의 전망 유리를 통해

마젤란펭귄

중앙의 대형 수조를 멀리 바라보면 상어, 고등어, 꼬치고기가 무리를 지어 헤엄치는 것이 보인다.

남빙양관은 포크랜드에서 사우스조지아 군도에 이르는 해안의 기후, 지질 특성, 동·식물상을 보여 준다. 암반은 눈과 바람에 의해 풍화가 많이 된 전형적인 석회암으로 만들었고, 가혹한 기후 조건에 잘 적응하는 식물을 심었다. 이 서식지를 찾는 관람객은 우선 얼음 같은 찬바람이 나오는 바람 커튼을 통과하게 되는데, 이때 지구상에서 가장 추운 곳으로 들어간다는 느낌을 받는다. 관람하는 중에는 해조, 물개, 물범 등이 우는 소리와 파도가 부서지는 소리를 들을 수 있다. 이곳에서는 암반에서 물로 뛰어드는 펭귄 무리를 볼 수 있고, 시야를 물밑으로 돌리면 남빙양 숭어류가 헤엄치는 것을 발견할 수 있다.

태평양관은 미국 캘리포니아 몬터레이 만 연안의 다시마 숲과 조간대 웅덩이를 재현하였다. 암반은 파도에 풍화된 화강암으로 만들었으며, 이 암반에서는 홍합, 고둥, 전복, 군부, 말미잘, 불가사리, 녹조류와 갈조류를 발견할 수 있다. 이곳에 들어선 관람객은 우선 바다로 뻗어나간 암반 해안의 장대함에 압도당하며, 해양 포유류나 해양 조류의 울음소리, 파도

1 말미잘 **2** 갈조류

1 해달 **2** 갑오징어

소리 등을 들을 수 있다. 암반에는 많은 조간대 웅덩이가 설치되어 있으며, 인공적으로 조석 간만의 차를 만들 수 있는 시설이 있다. 그 안에서 놀래기와 망둑어 같은 작은 물고기나 성게, 불가사리, 말미잘, 게, 새우, 대합, 홍합, 굴과 같은 무척추동물을 발견할 수 있다. 해안에는 선인장, 삼나무, 소나무 등이 심어져 있다. 이곳에서 가장 인기를 끄는 것은 한 쌍의 해달인데, 물 위에 편안하게 누워 잠자는 모습이나 배 위에 조개를 올려놓고 깨 먹는 모습이 매우 귀엽다. 물속으로 들어가면 다시마 숲의 장관이 펼쳐져 있고 농어, 눈강달이, 곰치, 상어 등과 같은 어류를 볼 수 있다. 또 눈이 예쁜 갑오징어의 깜찍한 모습도 볼만하다.

인도양관은 열대 인도양에 있는 세이셸 군도의 산호 해안을 재현해 놓았다. 이곳에서는 산호, 뿔산호류, 말미잘, 해면을 비롯한 많은 무척추동물을 볼 수 있다. 열대 해역의 수중 경치는 매우 환상적이라 관람객들의 눈길을 잡기에 충분하다. 이곳에서는 무덥고 습도가 높은 공기를 느낄 수 있으며, 다양한 종류의 열대 조류들이 지저귀는 소리를 들을 수 있다. 열대 폭풍을 흉내 내는 강한 바람이 불고, 천둥소리가 들리고, 비가 내리기도 한다.

다양한 해양관을 관람하면서 바다와 생명체에 대한 경이로움을 느끼게 되면 미래의 세대를 위해 환경을 보전하는 것이 왜 중요한지를 저절로 깨닫게 된다. 해양관을 다 둘러본 후 관람객들은 이곳에서 받은 감동을 간직한 채 퇴장교를 통해 일상의 현실 세계로 나오게 된다.

두바이수족관 입구

아랍 에미리트 두바이수족관

아랍 에미리트의 두바이수족관Dubai Aquarium & Underwater Zoo, UAE은 엄밀히 말해 유럽의 수족관이 아니라 지리적으로는 아시아에 속한 수족관이다. 그렇지만 한국에서 유럽으로 가는 길목에 자리 잡고 있어 편의상 유럽 수족관에 포함시켰다.

두바이수족관은 아랍 에미리트의 대표적인 쇼핑센터인 두바이몰 내부에 건립된 수족관이다. 너비 32.88미터, 높이 8.3미터의 전면 아크릴 판은 전 세계 수족관 중에서 가장 크다. 길이 48미터의 수중 터널과 2층의 열대 우림, 암반 해변 등은 수중 동물 세계의 생생한 생태 환경을 재현하였다.

두바이수족관 수중 터널 입구

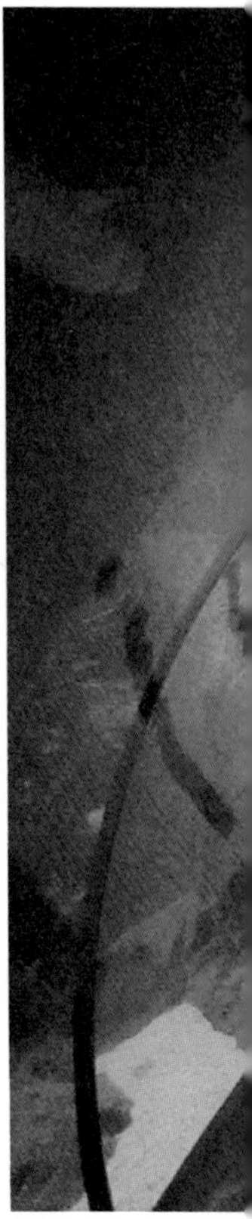

두바이수족관에는 3만 3000마리 이상의 해양 생물들이 전시되어 있으며, 방문객들은 선명한 색상의 화려한 해양 생물들이 펼치는 바닷속 세계의 장관을 체험할 수 있다. 한편 세계 최대 규모의 전면 전시 유리창을 통하여 거대한 샌드타이거상어, 우아한 가오리, 대형 농어류 등 신기한 물고기 무리가 유영하는 모습을 실감나게 관찰할 수 있다. 또 상어와 함께 다이빙을 할 수 있는 체험 프로그램도 운영하고 있어 색다른 경험도 할 수 있다.

두바이수족관은 서식 환경을 최대한 자연 상태와 유사

수중 터널

하게 재현하면서 다양한 해양 생물을 전시하고 있다. 수심 11미터에 달하는 대형 수조의 아래에 수중 터널을 만들어 관람객들은 마치 바닷속에 있는 듯한 느낌을 받는다. 이 수

전 세계 수족관 중 가장 큰 아크릴 유리

중 터널은 길이가 48미터, 폭이 4미터로 세계에서 가장 폭이 넓은 수중 터널 중 하나이다. 잠수부가 상어와 가오리에게 먹이를 주며 수중 마이크를 통해 이들의 흥미로운 습성을 관람객들에게 해설해 주기도 한다.

열대 우림을 재현한 곳에서는 강과 하천을 둘러싼 둑 기슭에 살고 있는 기이한 담수 생물들을 볼 수 있다. 육식성

물고기인 피라니아, 거대한 메기, 귀여운 수달 등을 보며 열대 우림을 탐사하는 듯한 경험도 한다. 방문객은 다리 위나 나무 위 닫집에서 열대 우림을 체험할 수 있다. 바위 해안은 육지와 바다가 만나는 해안 가운데 가장 환경 변화가 심한 곳으로 생명력이 강한 생물들이 살고 있는 장소이다. 바위 해안 전시 구역에서는 훔볼트펭귄 무리와 바다표범들을 볼 수 있으며, 해안가 물웅덩이에 서식하는 생물을 직접 만져 보는 체험도 할 수 있다. 대양을 재현한 전시 공간에서는 우아하게 헤엄치는 해파리, 굴속에 몸을 반쯤 숨기고 있는 곰치, 해초에 꼬리를 감고 있는 해마 등을 볼 수 있다. 또 독을 가지고 있지만 외모가 화려한 쏠배감펭과 돌인지 물고기인지 구별이 안 되는 쏨뱅이도 만날 수 있다.

쏨뱅이

두바이수족관에서 운영하는 오션스쿨 교육 프로그램, 유리바닥배 타기, 상어와 함께 다이빙하기 등의 각종 프로그램은 관람객들에게 인기가 높다. 학생들의 단체 관람을 위해 2시간에 걸친 교육 프로그램도 운영하고 있다. 작은 실험실을 보유하고 있으며, 주로 해양 생물의 생태에 관한 설명을 해준다.

수족관에 들어서면 먼저 민물 수조를 관람하고, 동선을 따라가면 그 다음에 바닷물 수조를 관람하도록 구성되어 있다. 대형 수조를 제외하고는 규모가 그리 크지 않다. 전시 수조는 모두 36개인데, 가장 큰 수조는 수심 11미터, 길이 50미터, 폭 25미터이다. 2008년 11월에 개장하여 한 해 방문객 수가 약 150만 명에 이른다. 두바이수족관에서 관람객들에게 인기 있는 생물은 샌드타이거상어, 대형 능성어, 노랑가오리, 펭귄 등이다. 샌드타이거상어는 8마리, 능성어는 3마리가 있다.

주변 해역의 바닷물 수온이 약 섭씨 35도에 달할 정도로 높아 생물 다양성이 낮고, 수족관을 위해 해양 생물을 채집해 주는 회사가 없기 때문에 두바이수족관에서는 주변 해역에 서식하는 생물 위주로 전시하는 것이 힘들다. 때문에 전 세계에서 생물을 수입해 전시하고 있으며, 주변에서 채수한 해수는 24도로 수온을 낮춰서 사용하고 있다.

두바이수족관이 만들어진 이후 쥬메이라 팜아일랜드에 돌고래쇼장 등 해양 관련 놀이 시설이 들어서는 바람에 수족관 관람객이 분산되는 경향이 있다. 원래는 두바이쇼핑몰에서 손님을 끌기 위해 수족관을 만들었고, 쇼핑객들을 수중 터널에 무료로 입장시키려 하였으나 지금은 입장료를 받고 있다. 입장료는 어린이와 어른에 차등이 있으며, 수족관과 수중 터널을 모두 구경하려면 더 비싼 입장료를 내야 한다.

수족관 내부를 들여다볼 수 있는 창

수족관의 직원은 해양 생물 전문가 16명, 다이버, 매표소 직원, 경비 등을 포함해 모두 75명이다. 목요일부터 토요일은 아침 10시부터 자정까지, 일요일부터 수요일은 오전 10시부터 밤 10시까지 문을 열기 때문에 시설에 비해 많은 직원이 필요하다.

생명 부양 장치 등 시설을 관람하는 프로그램은 운영하지 않지만, 수족관의 내부 시설이나 수조를 관리하는 모습을 관람객들이 볼 수 있도록 벽을 투명 아크릴로 만든 장소가 있다. 훔볼트펭귄, 물개, 해달처럼 몇몇 인기가 높은 동물은 먹이 주는 시간을 정해 관람객들이 볼 수 있도록 하고 있다. 그러나 다른 생물의 경우 오픈 수조에서 먹이를 주는 시간이 정해져 있지 않아서 먹이 주는 모습은 우연히 관람 시간과 맞아야 볼 수 있다.

수조는 전부 곡선화되어 있는데, 제작 단가가 비싸기는 하지만 동선이 자연스러워 보이는 장점이 있다. 두바이수족관 내 수조는 상부가 노출된 형태(오픈 수조)로 제작되었다. 곡선 형태의 수조 제작은 시간이 많이 걸려 미국 레이놀드Reynolds 사와 일본 니뿌라 사에서 나누어 제작하였다. 수족관의 관리 및 운영은 호주 회사인 오세아너스Oceanus에서 하고 있다. 오세아너스 사는 한국의 부산아쿠아리움, 코엑스아쿠아리움, 중국 상하이수족관, 타일랜드수족관, 두바이수족관 등 5개의 수족관을 건설한 경험을 가지고 있다. 두바이수족관 건설에는 약 3년이 걸렸는데, 별도의 수족관 건물을 지은 것이 아니라 쇼핑몰의 일부분으로 건설하였기 때문에 전체 공정은 쇼핑몰의 건설 공정에 맞추었다고 한다.

두바이수족관은 세계에서 가장 크다고 자랑하는 대형 수조를 제외하고는 한국의 수족관과 분위기가 많이 비슷하다. 코엑스아쿠아리움과 부산아쿠아리움 건설에 참여한 호

곡선으로 처리된 수조

주의 오세아너스 사에서 관여하였기 때문일 것이다. 전체적인 동선과 전시 연출 역시 코엑스아쿠아리움과 흡사하다. 또 독립적인 수족관 건물이 있는 것이 아니고 쇼핑몰 공간의 일부분을 차지하고 있다는 점도 유사한 점이다. 체험 프로그램은 부산아쿠아리움과 비슷하다.

■수족관을 나가며

유럽은 수족관이 최초로 만들어진 곳이다. 역사가 오래되다 보니 현대적 시설을 갖춘 수족관은 유럽보다 미국이나 일본 등지에 더 많다. 그러나 유럽의 수족관은 건물이나 전시 연출 방법 등에서 훨씬 예술적이며, 미술관이나 박물관과 비교해도 손색이 없다.

근래에는 해외여행이 보편화되어 유럽 구석구석 우리나라 관광객들이 가지 않는 곳이 없다. 모든 사람들이 으레 찾는 유명 관광 명소를 둘러보는 것도 의미는 있겠으나, 수족관을 한번쯤 찾는 것도 바쁜 여정에 지친 여행객들에게는 상큼한 휴식이 될 수 있을 것이다. 물속에서 유유히 헤엄치는 물고기를 보면서 밀려오는 파도 소리를 들으면 스트레스가 풀리고 마음이 편안해진다.

대도시에 사는 사람들이 바다를 방문하는 일은 쉽지 않다. 설령 바닷가를 방문하더라도 바닷속에 사는 신비로운 생물을 관찰할 수 있는 기회는 거의 없다. 수족관은 마음만 먹으면 쉽게 갈 수 있는 도심 속의 바다이다. 수족관을 방문하여 우리와 함께 살고 있는 바다 생물의 신비로움을 만끽해 보기 바란다. 이 책에서는 유럽의 수족관을 둘러보았는데, 앞으로 일본과 미국 등지에 있는 유명한 수족관을 소개하는 기회를 가지려고 한다.

■참고문헌

Guide to the Oceanographic Museum Monaco, 2009, Museeoceanographique, Monaco.

Nausicaa, A Close Encounter with the Sea, 2006, Nausicaa.

Oceanopolis, The Ocean Discovery Park, Brest.

Visitor' s Guide, 2008, Aquarium de Zaragoza.

Visitor' s Guidebook, 2009, Acquario di Genova.

■유럽 주요 수족관 웹사이트

네덜란드Netherlands

Sea Life Centre Scheveningen http://www.sealife.nl/

Artis Aquarium http://www.artis.nl/

노르웨이Norway

Bergen Aquarium http://www.akvariet.no/

덴마크Denmark

Danmarks Akvarium http://www.danmarksakvarium.dk/

Kattegatcentret http://www.kattegatcentret.dk/

독일Germany

Munich Aquarium http://www.aquarium-service-muenchen.de/

Lobbecke-Museum und Aquazoo http://www.aquaristik.de/

Leipzig Aquarium http://aquariumservice-leipzig.de/

Kiel Aquarium www.aquarium-kiel.de

Helgoland Aquarium http://webmuseen.de/aquarium-helgoland.html

Hanover Aquarium http://www.aquarium-am-egi.de/ueber.html

Frankfurt Aquarium http://www.zoo-frankfurt.de/

Berlin Aquarium http://www.aquarium-berlin.de/

모나코Monaco

Monaco Aquarium http://www.oceano.mc/

벨기에Belgium

Sea Life Centre Blankenberge http://www.sealife.be/

Aquarium de l' Universite http://www.aquarium-museum.ulg.ac.be/

스웨덴Sweden

Goteborg Aquarium http://www5.goteborg.se/

Kolmardens Tropicarium http://www.tropicarium.se/

스페인Spain

Sea Life Centre Benalmadena www.sealife.es

Barcelona Aquarium http://www.aquariumbcn.com/

Valencia Aquarium http://www.aquariumdevalencia.com/

에이레Eire

Dingle Oceanworld http://homepages.iol.ie/~tkendy/oceanwld.htm

영국UK

Aquarium of the Lakes http://www.lakesaquarium.co.uk/

Deep Sea World http://www.deepseaworld.com/

Exploris; The Northern Ireland Aquarium
http://www.exploris.org.uk/

Lake District Coast Aquarium http://www.lakedistrict-coastaquarium.co.uk/

Liverpool-World Museum Aquarium
http://www.liverpoolmuseums.org.uk/

London Aquarium http://www.londonaquarium.co.uk/

London Zoo http://www.zsl.org/

Macduff Marine Aquarium http://www.macduff-aquarium.org.uk/

오스트리아Austria

Haus des Meeres http://www.haus-des-meeres.at/

Haus der Natur http://www.hausdernatur.at/

Aquarium Schonbrunn Zoo http://www.zoovienna.at/

이탈리아Italy

Naples Aquarium http://www.szn.it/

Milan Aquarium http://www.acquariocivicomilano.eu/

Genoa Aquarium http://www.acquariodigenova.it/

포르투갈Portugal

Aquario Vasco da Gama http://www.aquariovgama.pt/

Lisbon Oceanarium http://www.oceanario.pt/

프랑스France

Nausicaa-Centre de la mer http://www.nausicaa.fr/

Oceanopolis http://www.oceanopolis.com/

Roscoff Aquarium http://www.sb-roscoff.fr/Aquarium/

Ocearium du Croisic http://www.sb-roscoff.fr/Aquarium/

Musee national des Arts Africains et Oceaniens

http://www.aquarium-portedoree.fr/

Sealand-Aquarium de Noimoutier

http://www.aquariumdenoirmoutier.com

Musee Aquarium d' Arcachon

http://www.sauvonslemuseeaquarium.org

Marineland Antibes http://www.marineland.fr

Imperator Aquarium http://www.aquarium-amneville.com/

Aquarium La Rochelle http://www.aquarium-larochelle.com

Aquarium du Musee de la mer de Biarritz

http://www.museedelamer.com

Aquarium de St Malo http://www.aquarium-st-malo.com

Aliotis Aquarium de Sologne http://www.aquaryus.com